房屋建筑构造与 BIM 技术应用研究

刘雅琦　著

北京工业大学出版社

图书在版编目（CIP）数据

房屋建筑构造与 BIM 技术应用研究 / 刘雅琦著 . —
北京 ：北京工业大学出版社，2021.4
　　ISBN 978-7-5639-7924-0

　　Ⅰ．①房… Ⅱ．①刘… Ⅲ．①建筑构造－建筑制图－
计算机制图－应用软件 Ⅳ．① TU22 ② TU204

中国版本图书馆 CIP 数据核字（2021）第 081815 号

房屋建筑构造与 BIM 技术应用研究
FANGWU JIANZHU GOUZAO YU BIM JISHU YINGYONG YANJIU

著　　者：刘雅琦

责任编辑：刘　蕊

封面设计：知更壹点

出版发行：北京工业大学出版社

　　　　　（北京市朝阳区平乐园 100 号　邮编：100124）

　　　　　010-67391722（传真）　bgdcbs@sina.com

经销单位：全国各地新华书店

承印单位：天津和萱印刷有限公司

开　　本：710 毫米 ×1000 毫米　1/16

印　　张：13.25

字　　数：265 千字

版　　次：2022 年 8 月第 1 版

印　　次：2022 年 8 月第 1 次印刷

标准书号：ISBN 978-7-5639-7924-0

定　　价：80.00 元

作者简介

　　刘雅琦,女,1981年5月出生,吉林省长春市人,毕业于吉林建筑大学,硕士研究生,现就职于吉林建筑科技学院,讲师,土木工程学院院长助理。研究方向:土木工程专业,房屋建筑、BIM方向。主持并参与吉林省教育厅科学研究项目一项、吉林省高等教育教学改革研究课题一项、吉林省高教科研课题一项,吉林建筑科技学院科学研究项目四项,吉林建筑科技学院教育教学改革研究课题三项;指导吉林省大学生创新创业训练计划项目二项;授权实用新型专利三项;参编教材二部;发表论文十余篇。

前　言

随着社会的发展，人们对住宅功能与品质的要求越来越高，不再仅局限于房屋居住的舒适度，对安全防护等也都有了或多或少的要求。所以，房屋建筑设计针对人体活动尺度的要求、人的生理要求、使用过程和特点的要求、不同的功能要求产生了不同的建筑类型，即建筑构造。建筑构造是一门研究建筑物各组成部分的构造原理和构造方法的学科。它是建筑设计不可分割的一部分，其任务是根据建筑的使用功能、材料性能、受力情况、施工方法和建筑造型等选择经济合理的构造方案，以作为建筑设计中综合解决技术问题及进行施工图设计的依据。

BIM 技术是一种应用于工程设计建造管理的数据化工具，它通过参数模型整合各种项目的相关信息，在项目策划、运行和维护的全生命周期过程中进行共享和传递，使工程技术人员对各种建筑信息做出正确理解和高效应对，为设计团队以及包括建筑运营单位在内的各方建设主体提供协同工作的基础，在提高生产效率、节约成本和缩短工期方面发挥着重要作用。

本书共 6 章。第 1 章为房屋建筑构造概述，主要包括房屋建筑的组成和图例、建筑物的分类与分级、建筑工业化与建筑模数、房屋建筑构造的影响因素与设计原则四部分内容；第 2 章为房屋建筑构造实体的类型及设计要求，主要包括屋顶与屋面构造、墙体与墙面构造、楼板层与地坪层构造、基础与地下室构造、门与窗构造、楼梯与电梯构造、变形缝构造七部分内容；第 3 章为 BIM 技术简介，主要包括 BIM 的由来及定义、BIM 技术的特点与优势、BIM 技术国内外发展状况三部分内容；第 4 章为 BIM 建模及应用软件，主要包括 BIM 与模型、BIM 建模流程与精度、BIM 应用软件的分类、国内流行 BIM 软件介绍四部分内容；第 5 章为 BIM 技术在房屋建筑设计中的应用，主要包括 BIM 技术的应用优势、BIM 技术在房屋建筑初步设计阶段的应用、BIM 技术在房屋建筑深化设计阶段的应用三部分内容；第 6 章为 BIM 技术的发展预测与展望，主要包括 BIM 市场未来发展预测、BIM 技术应用趋势的展望两部分内容。

为了确保内容的丰富性和多样性，作者在编写本书的过程中参考了大量理论与研究文献，在此向涉及的专家学者们表示衷心的感谢。

最后，限于作者水平，加之时间仓促，本书难免存在一些疏漏，在此，恳请读者批评指正。

目　　录

第1章　房屋建筑构造概述

第1节　房屋建筑的组成和图例

一、建筑的定义

建筑，从广义上讲，既表示建筑工程的建造过程，又表示这种活动的成果——建筑物。建筑也是一个统称，既包括建筑物也包括构筑物。凡供人们在其内部进行生产、生活或其他活动的房屋或场所都被称为建筑物，如学校、医院、办公楼、住宅、厂房等；而人们不能直接在其内部进行生产、生活的工程设施则被称为构筑物，如桥梁、烟筒、水塔、水坝等。

二、房屋建筑构造的定义

房屋建筑构造是指房屋建筑物各组成部分基于科学原理的材料选用及其做法，主要任务是根据建筑物的使用功能、建筑技术和建筑形象的要求，提供结构合理、技术先进的构造方案。

三、房屋建筑的组成及作用

民用房屋建筑，一般由基础、墙或柱、楼板层及地坪层、楼梯、屋顶、门和窗等几部分所组成（图1-1）。它们在不同的部位，有着不同的作用。

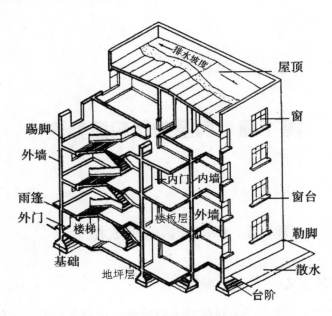

图 1-1 房屋建筑构造组成

①基础：基础是建筑物埋在地面以下的承重构件。其作用是承受建筑物的全部荷载，并将这些荷载传给地基。

②墙或柱：在建筑物基础的上部，有些建筑是墙，有些建筑是柱。墙和柱都是建筑物的竖向承重物件，承受屋顶、楼板层等构件传来的荷载，并将这些荷载传给基础。对于墙体它不仅具有承重作用，同时还具有围护和分隔的作用。不同位置不同性质的墙，所起的作用不同。例如，承重外墙兼起承重与围护的作用，非承重外墙则只起分隔建筑物内外空间、抵御自然界各种因素对室内侵袭的作用。承重内墙兼起承重和分隔作用，而非承重内墙只起分隔建筑内部空间、保证室内具有舒适环境的作用。

为了扩大建筑使用空间，提高空间布局的灵活性以及满足结构的需要，有时用柱来代替墙体作为建筑物的竖向承重构件，形成框架结构。此时，墙体只起围护和分隔作用，由柱承受屋顶、楼板层等构件传来的荷载。

③楼板层与地坪层：楼板层与地坪层是建筑物分隔水平空间的构件。楼板层通常包括楼板、梁、设备管道、顶棚等。楼板既是承重构件，又是分隔楼层空间的围护构件。楼板层承受家具、设备、人及其自重等荷载，并将这些荷载传给墙或柱，同时楼板层又对墙或柱起着水平支撑的作用。地坪层是首层房间与地基土层相接的构件，直接承受各种使用荷载的作用，并将这些荷载传给其下的地基。它应具有足够的承载力和刚度，并需均匀传力及防潮。

④楼梯：楼梯是楼房建筑的垂直交通设施，供人们平时上下楼和紧急疏散之用。

⑤屋顶：屋顶是房屋最上层的承重兼围护构件，它既要承受作用于其上的风雪自重及检修荷载，并将这些荷载传给墙或柱，又要抵抗风吹、雨淋、日晒等各种自然因素的侵袭，起到保温隔热的作用。

⑥门和窗：门和窗开在墙上，均属非承重构件，是房屋围护结构的组成部分。门主要供人们出入交通和内外联系之用，有时兼有采光和通风的作用。窗的主要作用是采光、通风和眺望，有时也起到分隔和围护的作用。

除上述六部分以外，民用房屋建筑还包括一些附属部分，如窗台、雨篷、台阶等。组成建筑的各个部分都起着不同的作用。在设计工作中，有时还把建筑的各组成部分划分为建筑构件和建筑配件。建筑构件主要是指墙、柱、梁、楼板、屋架等承重结构；而建筑配件则是指屋面、地面、墙面、门窗、栏杆、花格、细部装修等。

四、房屋建筑材料图例

在房屋建筑构造设计中，我们需要掌握不同的建筑材料在图纸上的表示方法。《房屋建筑制图统一标准》（GB/T 50001—2017）中对常用建筑材料的表示方法做了规定，如表 1-1 所示。

表 1-1　常用建筑材料图例

序号	名称	图例	备注
1	自然土壤		包括各种自然土壤
2	夯实土壤		—
3	砂、灰土		—
4	砂砾石、碎砖三合土		—
5	石材		—

序号	名称	图例	备注
6	毛石		—
7	实心砖、多孔砖		包括普通砖、多孔砖、混凝土砖等砌体
8	耐火砖		包括耐酸砖等砌体
9	空心砖、空心砌块		包括空心砖、普通或轻骨料混凝土小型空心砌块等砌体
10	加气混凝土		包括加气混凝土砌块砌体、加气混凝土墙板及加气混凝土材料制品等
11	饰面砖		包括铺地砖、玻璃马赛克、陶瓷锦砖、人造大理石等
12	焦渣、矿渣		包括与水泥、石灰等混合而成的材料
13	混凝土		①包括各种强度等级、骨料、添加剂的混凝土②在剖面图上绘制表达钢筋时，则不需绘制图例线③断面图形较小，不易绘制表达图例线时，可填黑或深灰（灰度宜为70%）
14	钢筋混凝土		
15	多孔材料		包括水泥珍珠岩、沥青珍珠岩、泡沫混凝土、软木、蛭石制品等
16	纤维材料		包括矿棉、岩棉、玻璃棉、麻丝、木丝板、纤维板等

序号	名称	图例	备注
17	泡沫塑料材料	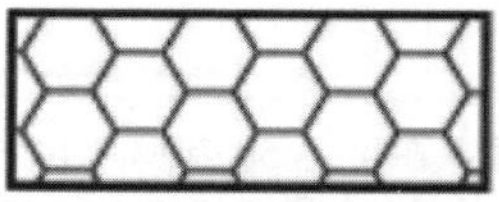	包括聚苯乙烯、聚乙烯、聚氨酯等
18	木材		①上图为横断面，分别为垫木、木砖或木龙骨 ②下图为纵断面
19	胶合板		应注明为 × 层胶合板
20	石膏板	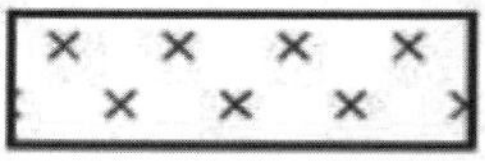	包括圆孔或方孔石膏板、防水石膏板、硅钙板、防火石膏板等
21	金属		①包括各种金属 ②图形较小时，可填黑或深灰（灰度宜为70%）
22	网状材料		①包括金属、塑料网状材料 ②应注明具体材料名称
23	液体	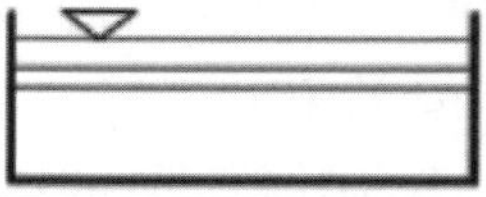	应注明具体液体名称
24	玻璃		包括平板玻璃、磨砂玻璃、夹丝玻璃、钢化玻璃、中空玻璃、夹层玻璃、镀膜玻璃等
25	橡胶		—
26	塑料		包括各种软、硬塑料及有机玻璃等
27	防水材料		构造层次多或绘制比例大时，采用上面的图例

序号	名称	图例	备注
28	粉刷		本图例采用较稀的点

注：①本表中所列图例通常在 1 : 50 及以上比例的详图中绘制表达。

②如需表达砖、砌块等砌体墙的承重情况时，可通过在原有建筑材料图例上增加填灰等方式进行区分，灰度宜为 25% 左右。

③序号 1、2、5、7、8、14、15、21 图例中的斜线、短斜线、交叉线等均为 45°。

第 2 节　建筑物的分类与分级

一、建筑物分类

（一）分类原因

随着人类文明的不断发展，人们建造了许多建筑物。在这些建筑物中，人们采用了多种多样的建筑材料，形成了大小高低不同、内部空间和外部造型千差万别、能满足人们生产及生活各个方面不同使用要求的建筑环境空间。了解不同建筑物的使用要求和特点，是建筑物分类和分级的主要目的，总结起来可概括为以下几点：

①便于研究建筑物新的功能要求，了解建筑类型发展的前景，以保证建筑设计更加符合实际需要；

②便于根据不同类型建筑物的特点，提出明确的任务，制定规范、定额、标准，用于指导建筑设计和建筑施工；

③便于总结各种类型建筑物建筑设计的特殊规律，以提高设计水平；

④便于分析研究同类建筑物的共性，以便进行标准设计和工业化建造体系的设计；

⑤便于把握建筑标准，合理控制建设投资。

（二）分类方法

建筑物的类型很多，分类方法也很多，现介绍如下几种常用的分类方法。

1. 按建筑物的使用性质分类

（1）民用建筑

民用建筑（图 1-2）是指供人们居住及进行社会活动等非生产性的建筑物，又分为居住建筑和公共建筑。

图 1-2　民用建筑示例

①居住建筑。居住建筑是供人们生活起居用的建筑物，如住宅、集体宿舍和别墅等。

②公共建筑。公共建筑是供人们进行社会活动的建筑物。公共建筑主要包括如下几种：

a. 行政办公建筑，如政府机关、企事业单位办公楼等；

b. 学校建筑，如学校教学楼、实验楼、实训楼等；

c. 文化科技建筑，如少年宫、文化馆、图书馆、科技馆、天文馆等；

d. 集会及观演性建筑，如影剧院、音乐厅、杂技场等；

e. 展览性建筑，如展览馆、博物馆、美术馆等；

f. 体育建筑，如健身房、体育馆、游泳池等；

g. 商业建筑，如商场、批发市场等；

h. 服务性建筑，如敬老院、饭店、旅馆、洗浴中心等；

i. 医疗建筑，如医院、疗养院等。

此外，邮电、通信、广播、交通建筑等也属于公共建筑。

（2）工业建筑

工业建筑（图 1-3）是指供人们进行工业生产活动的建筑物，一般包括生产用建筑及辅助生产、动力、运输和仓储用建筑，如机械加工车间、机修车间、锅炉房和仓库等。

图 1-3　工业建筑示例

（3）农业建筑

农业建筑（图1-4）是指供人们进行农牧业的种植、养殖和贮存等使用的建筑物，如温室、粮仓、畜禽饲养场、水产品养殖场、农副业产品加工厂等。

图1-4　农业建筑示例

2. 按建筑物的层数（高度）分类

①低层建筑。低层建筑一般指1～2层建筑（住宅为1～3层为低层）。

②多层建筑。多层建筑一般指3～6层建筑（住宅4～6层为多层，7～9层为中高层）。

③高层建筑。高层建筑一般指超过一定高度和层数的多层建筑（住宅在10层及10层以上者为高层，公共建筑总高度超过24 m者为高层）。高层建筑不包括建筑高度超过24 m的单层建筑。

④超高层建筑。超高层建筑一般指建筑高度超过100 m的建筑物。

3. 按建筑物的建筑规模及数量分类

①大量性建筑。大量性建筑指量大面广，与人们生活密切相关的建筑物，如住宅、学校、商店、医院等。这些建筑物单体规模较小，但建造数量多，故称大量性建筑。

②大型性建筑。大型性建筑指规模宏大的建筑物，如大型办公楼、大型体育馆、大型火车站和航空港等。这些建筑物单体规模巨大，但建造数量少，使用功能和技术条件比较复杂。

二、建筑物结构类型

建筑物的结构根据采用的材料和承重方式的不同可以分为如下几类：

（一）按材料分类

建筑物要承受各种各样的荷载作用，我们把建筑物中起承载作用的系统称为结构。建筑物结构常采用的材料有砖石材料、木材、钢筋混凝土材料、钢材等。各种结构材料的物理力学性能不尽相同。有的结构材料抗拉强度和抗压强度都很高，如钢材和木材等；有的结构材料抗压强度比较高，而抗拉强度则很低，几乎没有结构价值，如砖石材料、素混凝土材料等。由于建筑结构各个部位的受力特征不同，因而在结构材料的选择上要有所侧重。

按建筑物结构采用的材料分类，比较常见的结构类型有以下几种：

1. 木结构

木结构建筑是指用木材作房屋承重骨架的建筑。木结构是我国古建筑广泛采用的结构形式之一，但由于木材易腐、易燃，以及我国森林资源缺乏等问题，木结构现一般仅用于仿古、旅游性建筑。

2. 砖混结构

砖混结构，也称混合结构。这种结构的墙体采用砖石材料（黏土砖、石材等），楼板采用钢筋混凝土材料；屋顶结构层采用钢筋混凝土板或钢、木、钢筋混凝土屋架等。近年来，为了减少烧制黏土砖对耕地资源的消耗，我国许多地区已开始逐渐以非黏土材料的空心承重砌块取代黏土砖。因此，我们在本书中把采用黏土砖、石材以及各类空心承重砌块建造墙体的结构统称为砌体结构。一般情况下，砌体结构只适合于建造多层及以下的建筑物。

3. 钢筋混凝土结构

钢筋混凝土结构的特点是，整个结构系统的全部构件（如基础、柱、墙、楼板结构层、屋顶结构层、楼梯构件等）均采用钢筋混凝土材料。由于钢筋混凝土结构的承载能力及结构整体性均高于砌体结构，所以比砌体结构能建造更高的建筑物。

4. 钢结构

钢结构以钢材为主，是现代建筑工程中主要的建筑结构类型之一。大型公共建筑、工业建筑、大跨度建筑和高层建筑经常采用这种结构形式。钢材的特点：①强度高、自重轻、整体刚性好、变形能力强，故特别适用于建造大跨度和超高、超重型的建筑物；②材料匀质性和各向同性好，属理想弹性体，最符合一般工程力学的基本假定；③材料塑性、韧性好，可有较大变形，能很好地承受动力荷载。

（二）按承重方式分类

根据建筑物使用功能的不同，建筑物的室内空间会有完全不同的空间特征。例如，居住建筑可用墙体分隔成不大的使用空间，大型商业建筑则靠规则排列的柱子支撑起宽敞的购物空间，等等。这些迥异的室内空间特征就需要不同承重方式的结构才能得以实现。建筑物结构按承重方式可分为如下几种：

1. 墙承重结构

墙承重结构是以墙体、钢筋混凝土梁板等构件构成的承重结构，建筑的主要承重构件是墙、梁板、基础等。墙承重结构分为横墙承重结构、纵墙承重结构、纵横墙混合承重结构三种。

（1）横墙承重结构

房间的开间大部分相同，开间的尺寸符合钢筋混凝土板的经济跨度时，常采用横墙承重的结构布置。横墙承重结构的特点是建筑横向刚度好，立面处理比较灵活，但由于横墙间距受梁板跨度限制，房间的开间不大，因此，横墙承重结构适用于有大量相同开间，而房间面积较小的建筑，如宿舍、诊所和住宅建筑。

（2）纵墙承重结构

房间的进深基本相同，进深的尺寸符合钢筋混凝土板的经济跨度时，常采用纵向承重的结构布置。纵墙承重的主要特点是平面布置时房间大小比较灵活，在实际施工过程中，可以根据需要改变横向隔断的位置，以调整使用房间面积的大小，但建筑整体刚度和抗震性能差，立面开窗受限制，适用于一些开间尺寸比较多样的办公楼，以及房间布置比较灵活的住宅建筑。

（3）纵横墙混合承重结构

在建筑平面组合中，一部分房间的开间尺寸和另一部分房间的进深尺寸符合钢筋混凝土板的经济跨度时，建筑平面可以采用纵横墙承重的结构布置。这种布置方式的特点是平面中房间安排比较灵活，建筑刚度相对也较好，但是由于楼板铺设的方向不同，平面形状较复杂，因此施工时比上述两种布置方式要麻烦。一些开间和进深都较大的教学楼，可采用纵横墙混合承重的结构布置。

2. 骨架结构

骨架结构是利用由杆件组成的结构体系来承受屋面、楼面传来的荷载的。骨架结构的部件分工明确，可根据需要选用材料，如受力的骨架可选用具有良好力学性能的钢或钢筋混凝土，不承重的墙则选用隔声、隔热好的轻质材料。现代大型建筑的骨架结构主要是钢筋混凝土骨架结构（图 1-5）和钢骨架结构

（包括轻钢结构，图 1-6）。钢筋混凝土骨架结构刚度大、耐火耐久性好、承载力高，但施工量大、工期长、结构自重大。钢骨架结构自重轻，柔性大，施工方便。常用的骨架结构形式主要有门架和框架两种。

图 1-5　钢筋混凝土骨架结构

图 1-6　钢骨架结构

（1）门架

门架，又称刚架，即用竖向杆件（柱）和横向杆件（梁）组成门字形的平面构架，通过纵向的梁把一个个门架联成三度空间。杆件之间的节点连接方式一般有铰接和固结（刚接）两种。门架按杆件节点连接方式通常可分为：①排架，即由固结于基础的柱子同横向屋架梁铰接而成的门架；②双铰门架，即两根柱子上部同梁固结成整体、下部同基础铰接的门架；③三铰门架，即将双铰门架的梁分成两半，中间同基础铰接的门架；④拱架，把柱同梁做成连续的弧形杆件，称为拱，拱架就是弧形的门架，可做成双铰拱和三铰拱。跨度是梁式构件的一种尺寸，用于板、梁、屋架等。广义上来说，梁的两相邻支座中心线间的距离叫梁的跨度，即跨度就是在进深方向的轴距。一个梁有且仅有两个支点的结构为单跨结构，其余结构都可以称为多跨结构。门架和拱架为单跨单层结构，也可连成多跨结构，做成多层结构。拱架交叉连接，可做成壳体和穹隆形的网状空间骨架。这类骨架结构体系的跨度较大，可用于航空港、飞机库、展览馆、体育馆和厂房等大空间建筑。

（2）框架

框架由梁和柱构成。框架与框架之间用联系梁连成三度空间。两柱之间的填充墙虽不起结构作用，但可增加整个框架的刚性。框架结构体系多用于多层和高层建筑，可做成单跨结构或连成多跨结构。跨度可相同或不等。必要时在边跨（在多跨板中处于最外侧的两跨）可出挑成带悬臂的框架，把梁柱隐蔽在幕墙后面。钢筋混凝土框架结构如图 1-7 所示。

图 1-7　钢筋混凝土框架结构

框架结构的主要优点是建筑平面空间布置灵活，可形成较大的空间；主要缺点是侧向刚度较小，即水平荷载作用下侧移大。因此框架结构建筑的高度受到限制，在非地震区其高度一般不超过 15 层。随着高层建筑的发展，为增加建筑物的抗侧向力（地震和风力），骨架结构形式也越多样，如在框架体系建筑中加设钢筋混凝土剪力墙（框架－剪力墙体系）、用框架构成三度空间的筒体（框架筒体系或桁架筒体系）等。

1）剪力墙结构

用钢筋混凝土墙板来代替框架结构中的梁柱承受竖向荷载和水平剪力的结构称为剪力墙结构。当墙体处于建筑物中合适的位置时，它们能形成一种有效抵抗水平作用的结构体系，同时，又能起到对空间的分割作用。结构墙的高度一般与整个房屋的高度相等，自基础直至屋顶，高达几十米或 100 多米；其宽度则视建筑平面的布置而定，一般为几米到十几米。相对而言，它的厚度则很薄，一般仅为 200 ～ 300 mm，最小可达 160 mm。因此，结构墙在其墙身平面内的抗侧移刚度很大，而其墙身平面外刚度却很小，一般可以忽略不计。所以，建筑物上大部分的水平作用或水平剪力通常被分配到结构墙上，这也是剪力墙名称的由来。事实上，"剪力墙"更确切的名称应该是"结构墙"（图 1-8）。

图 1-8　剪力墙

①剪力墙结构的效能。建筑物中的竖向承重构件主要由墙体承担时，这种墙体既承担水平构件传来的竖向荷载，同时承担风力或地震作用。剪力墙即由此而得名。剪力墙是建筑物的分隔墙和围护墙，因此墙体的布置必须同时满足建筑平面布置和结构布置的要求。剪力墙结构体系有很好的承载能力，而且有很好的整体性和空间作用，比框架结构有更好的抗侧力能力，因此，利用剪力墙可建造较高的建筑物。剪力墙的间距有一定限制，故不可能开间太大。剪力墙一般适用于住宅、公寓和旅馆。选用剪力墙结构的楼盖结构一般采用平板，可以不设梁，所以空间利用比较好，可节约层高。

②剪力墙结构的特点。剪力墙的主要作用是承担竖向荷载（重力）、抵抗水平荷载（风、地震等）。剪力墙结构中墙与楼板组成受力体系，缺点是剪力墙不能拆除或破坏，不利于形成大空间，住户无法对室内布局自行改造。短肢剪力墙结构应用越来越广泛，它采用宽度（肢厚比）较小的剪力墙，住户可以在一定范围内改造室内布局，增加了灵活性，但这是以整个结构受力性能的降低为代价的（虽然有试验和研究表明这种降低幅度较小）。就当下中国现状而言，纯剪力墙结构造价高，施工困难，耗钢量极大，所以往往因为建设单位的制约，结构抗震设计囿于成本而不得不降低标准，建议慎用此类结构形式。

2）框架 - 剪力墙结构

框架 - 剪力墙结构简称框剪结构，是在框架结构中适当设置剪力墙所形成的一种结构（图 1-9）。在框剪结构中，框架主要承担竖向荷载，剪力墙主要承担水平荷载。框剪结构综合了框架结构和剪力墙结构各自的优点，可以像框架结构一样得到比较大的空间，所以空间布置灵活，同时又具备剪力墙结构侧向刚度较大的优点，所以可以比框架结构建得更高。

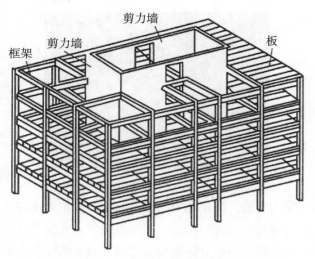

图 1-9 框架‑剪力墙结构

①框剪结构的受力特点。框剪结构是当代高层建筑设计普遍采用的结构形式之一，框剪结构是由框架结构和剪力墙结构两种不同的抗侧力结构组成的新的受力结构形式，所以它的框架不同于纯框架中的框架，剪力墙在框剪结构中也不同于纯剪力墙结构中的剪力墙，因为在下部楼层剪力墙的位移较小，它拉着框架按弯曲型曲线变形，剪力墙承受大部分水平力，上部楼层则相反，剪力墙位移越来越大，有外扩的趋势，而框架则有内收的趋势，框架拉着剪力墙按剪切型曲线变形，框架除了负担荷载产生的水平力外，还额外负担了把剪力墙拉回来的附加水平力，剪力墙不但不承受荷载产生的水平力，还因为给框架一个附加水平力而承受负剪力，所以在上部楼层即使外部荷载产生的楼层剪力很小，框架中也会出现相当大的剪力。框剪结构中的剪力墙可以单独设置，也可以利用电梯井、楼梯间、管道井等墙体。

②框剪结构设计及施工的特点。在建设用地日益紧张的今天，框剪结构在高层建筑设计中被广泛采用。高层框剪结构一般都设计地下室，基础采用筏板基础全现浇混凝土结构。在高层建筑群体建筑设计中，一般利用地下室或架空层与各主楼连接，主楼基础与地下室连接，连接部分的基础之间设置后浇带，后浇带一般设计要求在主楼主体封顶后再进行浇筑。高层框剪结构建筑根据设计的高度和层数不同，每平方米含钢量为 55 ～ 85 kg。对于设计选用的钢材，主受力钢筋一般采用二级钢和三级钢，其中三级钢采用的较多，构造钢筋一般选用二级钢和一级钢，混凝土设计一般采用 C50、C40、C35 三个等级的混凝土，也有个别采用 C55、C60 等级的。

当前，框剪结构施工较流行的工艺为：采用现场搭设钢管脚手架作为承重和支撑体系，采用现场加工木模板作为砼构件的成型模具，钢筋采用直螺纹连接和竖向对焊；城市市区施工采用商品混凝土，郊区施工条件许可时可自设大型搅拌站，混凝土现浇采用混凝土输送泵进行浇筑，振捣采用插入式振动器振捣，垂直运输采用塔吊和施工电梯。

3）筒体结构

随着建筑高度的增加，水平荷载对建筑的影响越来越大，筒体结构就是抵抗水平荷载非常有效的结构体系，所以该结构主要用于超高层建筑。

筒体结构可以分为框架－核心筒结构、框筒结构、筒中筒结构、框架－筒体结构、多筒结构和成束筒结构等。

①框架－核心筒结构。框架－核心筒结构（图1-10）由框架结构把柱加密、梁加深（密柱深梁）演变而来。核心筒可以作为单独的承重结构，承受竖向和水平荷载。一般建筑物四周的柱子不落地，由核心筒将上部荷载传至基础。核心筒具有较大的抗侧刚度，受力明确，分析方便。但是在地震区，易出现脆性破坏。因此，结构布置时应在筒壁四周布置结构洞口，使筒壁形成联肢剪力墙的结构形式，利用连系梁梁端的塑性铰耗散地震能量。

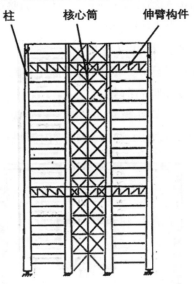

图 1-10　框架－核心筒结构布置示意图

②框筒结构。将建筑物的外围钢筋混凝土墙体做成一个大筒体，它具有很大的抗侧刚度，由于需要开窗，在墙体上开洞而形成了"梁"和"柱"，它的外形与框架类似，但梁（窗裙梁）的高度大，柱的间距小，形成密柱深梁组成

的空腹筒结构，我们通常称之为框筒结构（图 1-11）。

框筒结构一般要求孔洞面积不宜大于立面总面积的 60%，周边柱轴线间距在 2～3 m，不宜大于 4 m。窗裙梁高度为 0.6～1.2 m，宽度为 0.3～0.5 m。整个结构的高宽比小于 3，结构平面长宽比小于 2。角柱对于框筒结构的抗侧刚度和抗扭强度有很大的作用。在水平力作用下，角柱会产生很大的应力，所以角柱应具有较大的刚度和截面面积。

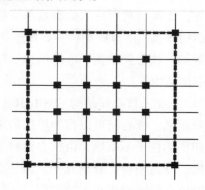

图 1-11　框筒结构布置示意图

③筒中筒结构。筒中筒结构是由两个筒体作为竖向承重和抗侧力结构的高层结构体系，它由框筒结构和核心筒结合而成，即建筑中有两个核心筒，在外围有一个大的核心筒，在电梯井又有一个核心筒，如图 1-12 所示。筒中筒的内筒一般由电梯间、楼梯间组成，内筒和外筒由楼板和屋面板连接起来，内筒和外筒共同抵抗水平荷载和竖向荷载。

在筒中筒结构中，内筒与外筒之间的距离不宜大于 12 m。内筒边长一般为外筒边长的 1/3，为房屋高度的 1/12～1/15。内筒贯通建筑物全高。

图 1-12　筒中筒结构布置示意图

④框架－筒体结构。框架－筒体结构（图 1-13）与框架－剪力墙结构并无本质上的区别，框架－筒体结构实际上就是在框架内的一定位置上，设置剪力墙内筒，外周为一般框架，其平面形状较为自由、灵活多样；但是，为了尽可能减少在水平力作用下的扭转，还是应尽可能采用具有对称轴的简单、规则平面。

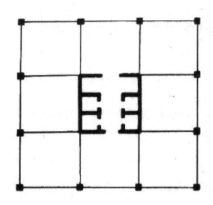

图 1-13　框架 - 筒体结构布置示意图

⑤多筒结构和成束筒结构。多筒结构（图 1-14）即在建筑平面内设置多个钢筋混凝土剪力墙筒体，它适用于复杂平面的布置要求。常见的多筒结构有三重筒体和四重筒体。

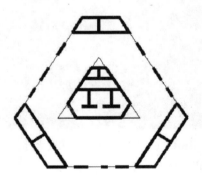

图 1-14　多筒结构布置示意图

成束筒结构（组合筒或模数筒）由多个筒体并联而成，具有很大的刚度，适用于高层建筑物，如图 1-15 所示。

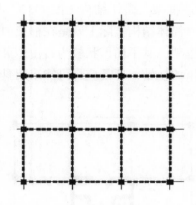

图 1-15　成束筒结构布置示意图

3. 空间结构

空间结构，属于建筑结构的一种。凡是建筑结构的形体呈三维空间状并具有三维受力特性、呈立体工作状态的结构均可称为空间结构，如剧院的观众厅、体育馆的比赛大厅（图 1-16）等。它的覆盖和围护问题是大跨度建筑空间结构布置的关键，新型空间结构的迅速发展，有效地解决了大跨度建筑空间的覆盖问题，同时也创造出了丰富多彩的建筑形象。

图 1-16　某体育场馆的比赛大厅

空间结构有以下五种类型：

①网架结构。网架结构（图 1-17）是由许多连续的杆件按照一定规律组成的网状结构，在接触处加上球状以便加大链接。杆件主要承受轴力，能充分发挥材料的强度，节省钢材，结构自重小。网架结构空间刚度大，整体性强，稳定性好。网架结构不仅实现了利用较小规格的杆件来建造大跨度结构，而且结构占用空间较小，更能有效利用空间。

图 1-17　网架结构示例

②悬索结构。悬索结构（由柔性受拉索及其边缘构件所形成的承重结构）是大跨度屋顶的一种理想结构形式。悬索结构一般由钢索、边缘构件和下部支承结构组成。例如，北京工人体育馆的顶棚采用的就是悬索结构，如图 1-18 所示。

图 1-18　北京工人体育馆顶棚悬索结构

③壳体结构。壳体结构的特点是两端有竖向的承重构件沿着曲面的切线把力分解到两侧，壳体的厚度远小于壳体的其他尺寸，因此壳体结构能覆盖或维护大跨度的空间而不需要空间支柱，能兼承重结构和围护结构的双重作用。壳体结构可做成各种形状，以适应工程建设的需要。我国自 20 世纪 50 年代以来用壳体结构建成了许多实用、经济、美观的房屋建筑，如北京火车站大厅双曲扁壳结构、中国国家大剧院壳体结构（图 1-19）。

图 1-19　中国国家大剧院壳体结构

④管桁架结构。管桁架结构是指用圆杆件在端部相互连接而组成的格子式结构，因此又称为管桁架或管结构（图 1-20）。管桁架结构的特点是利用钢管的优越受力性能和美观的外部造型构成独特的结构体系，满足钢结构的最新设计观念，集中使用材料、承重与稳定作用的构件组合以发挥空间作用。

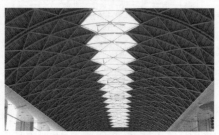

图 1-20　管桁架结构示例

⑤膜结构。膜结构（图 1-21）是 20 世纪中期发展起来的一种新型建筑结构形式，它是由多种高强薄膜材料（PVC 或 Teflon）及加强构件（钢架、钢柱或钢索）通过一定方式使其内部产生一定的预张应力以形成某种空间形状作为覆盖结构，并能承受一定外荷载作用的一种空间结构形式。膜结构可分为充气膜结构和张拉膜结构两大类。充气膜结构通过向室内不断充气，使室内外产生一定压力差（一般为 10 ～ 30 mm 水柱），室内外的压力差使屋盖膜布受到一定的向上的浮力，从而实现较大的跨度。张拉膜结构则通过柱及钢架支承或钢索张拉成型，其造型非常优美灵活。

图 1-21　膜结构示例

三、民用建筑的分级

由于建筑自身对质量要求的标准不同，通常按建筑物的耐火等级和耐久年限进行分级。

（一）按建筑物的耐火等级划分

民用建筑的耐火等级可分为一、二、三、四级。除另有规定外，不同耐火等级建筑相应构件的燃烧性能和耐火极限不应低于表 1-2 的规定。四级耐火等级的住宅建筑最多允许建造层数为 3 层，三级耐火等级的住宅建筑最多允许建造层数为 9 层，二级耐火等级的住宅建筑最多允许建造层数为 18 层。目前我国新建的工业与民用建筑物耐火等级以二级居多数。

表 1-2　不同耐火等级建筑相应构件的燃烧性能和耐火极限（住宅类）

构件名称		耐火等级			
		一级	二级	三级	四级
墙	防火墙	不燃性 3.0	不燃性 3.0	不燃性 3.0	不燃性 3.0
	承重墙	不燃性 3.0	不燃性 2.5	不燃性 2.0	不燃性 0.5
	非承重外墙	不燃性 1.0	不燃性 1.0	不燃性 0.5	可燃性
	梯间和前室的墙、电梯井的墙、住宅建筑单元之间的墙和分户墙	不燃性 2.0	不燃性 2.0	不燃性 1.5	难燃性 0.5
	疏散走道两侧的隔墙	不燃性 1.0	不燃性 1.0	不燃性 1.0	难燃性 0.25
	房间隔墙	不燃性 0.75	不燃性 0.5	不燃性 0.5	难燃性 0.25
柱		不燃性 3.0	不燃性 2.5	不燃性 2.0	难燃性 0.5
梁		不燃性 2.0	不燃性 1.5	不燃性 1.5	难燃性 0.5
楼板		不燃性 1.5	不燃性 1.0	不燃性 0.5	可燃性
屋顶承重构件		不燃性 1.5	不燃性 1.0	难燃性 0.5	可燃性
疏散走道		不燃性 1.5	不燃性 1.0	不燃性 0.5	可燃性
吊顶（包括栅栏）		不燃性 0.25	难燃性 0.25	难燃性 0.15	可燃性

注：① 除另有规定外，以木柱承重且墙体采用不燃材料的建筑，其耐火等级应按四级确定。

②住宅建筑构件的耐火极限和燃烧性能可按现行国家标准《住宅建筑规范》GB 50368—2005 的规定执行。

（二）按建筑物的耐久年限划分

建筑物的耐久年限主要是根据建筑物的重要性及规模大小来划分的，一般分为四级（见表 1-3）。

表 1-3　建筑物耐久等级

等级	耐久年限	适用范围
一级	100 年以上	适用于重要的建筑和高层建筑
二级	50 ～ 100 年	适用于一般性建筑
三级	25 ～ 50 年	适用于次要的建筑
四级	25 年以下	适用于临时性建筑

（三）建筑物的分类、分级与建筑构造的关系

建筑物类型不同、设计使用年限（耐久等级）和耐火等级的不同，都直接影响和决定着不同的建筑构造方式。例如，当建筑物的用途不同、高度和层数不同时，人们就会采用不同的结构体系和不同的结构材料来建造建筑物，建筑物的抗震构造措施也会有明显的不同；当建筑物的耐火等级不同时，人们就会相应地采用不同燃烧性能和耐火极限的建筑材料来建造建筑物，其构造方法也会有所差异。因此，建筑物的分类和分级及其相应的标准，是建筑设计从方案构思到构造设计整个过程中非常重要的设计依据。

第 3 节　建筑工业化与建筑模数

一、建筑工业化

建筑设计标准化、系列化、通用化是建筑工业化的重要前提。众所周知，任何一项社会生产活动，要达到高质量、高速度，就必须实行机械化、工业化，而当它的生产过程走向机械化、工业化时，就必然要对设计、制造、安装和使用提出标准化、系列化和通用化的要求，否则，机械化和工业化将是不完整的，高质量和高速度也将成为一句空话。要实现建筑工业化，就必须使建筑构配件尺寸统一、类型最少，并做到一种构件多种使用，为了达到这样的目的，就必须在建筑设计中实行标准化、系列化和通用化。

所谓建筑标准化，就是把不同用途的建筑物，分别按照统一的建筑模数、建筑标准、设计规范、技术规定等进行设计，并经实践检验具有足够科学性的建筑物形式、平面布置、空间参数、结构方案，以及建筑构件和配件的形状、尺寸等，在全国或一定地区范围内，统一定型，编制目录，并作为法定标准，

在较长时间内统一重复使用，如目前广泛使用的各种标准设计、标准构配件等。

我国建筑设计统一化、定型化、标准化工作，经过半个世纪的努力，取得了很可观的成绩，在加快建设速度、提高工程质量、节约建筑材料、降低工程造价、推广使用先进技术、促进建筑工业化等方面，都起到了很显著的作用。但总的说来，我国建筑设计标准化的程度还很低，通用性、灵活性不够，构件规格太多，管理也比较混乱，因此还远远不能适应建筑工业化的要求。为了提高建筑设计标准化的程度和扩大建筑设计标准化的范围，还必须使建筑设计标准化进一步达到系列化和通用化的要求。

所谓系列化，就是在标准化的基础上，把同类型建筑物和构配件的主要参数（几何参数、技术参数、工艺参数）经过技术经济比较，按一定规律排列起来，形成系列，尽可能以较少的品种规格，满足多方面的需要，为集中专业化、大批量生产创造条件。

所谓通用化，就是对那些能够在各类建筑中可以互换通用的构配件加以归类统一，如楼板与屋面板的统一、单层厂房墙板与多层厂房墙板的统一等。应逐步打破各类建筑中专用构配件的界限，研究适合于住宅、宿舍、学校、旅馆、医院、幼儿园等建筑的通用构配件，实现"一件多用"，并尽可能使工业和民用建筑的构配件也能互相通用。

建筑设计标准化、系列化、通用化的范围，应随着科学技术的发展而扩大。它不仅要包括建筑构配件，还要包括整幢建筑物和建筑群组，而要做到这些，设计是关键。

二、建筑模数制

为实现建筑设计标准化、生产工厂化、施工机械化、管理科学化，提高建筑工业化的水平，就必须统一协调各类不同的建筑物及其组成部分之间的尺寸。为此，我国颁布了《厂房建筑模数协调标准》（GB/T 50006—2010）、《建筑模数协调标准》（GB/T 50002—2013）等相关标准。这里主要介绍《建筑模数协调标准》（GB/T 50002—2013）的有关内容。

（一）建筑模数

基本模数即建筑设计中选定的标准尺寸单位。它是建筑物、建筑构配件、建筑制品及有关设备等尺寸相互间协调的基础。我国规定以 100 mm 作为模数协调中的基本尺寸单位，即基本模数，以 M 表示。整个建筑物和建筑物的部分以及建筑部件的模数尺寸，应是基本模数的倍数。

导出模数分为扩大模数和分模数，模数尺寸中凡为基本模数整数倍的叫作扩大模数，如 200 mm、300 mm、600 mm、900 mm 和 1200 mm，以 2M、3M、6M、9M 和 12M 表示。模数尺寸中凡为基本模数分数倍的叫作分模数，如 10 mm、20 mm 和 50 mm，以 1/10M、1/5M 和 1/2M 表示。

建筑模数理论和建筑模数制度，是根据建筑标准化和工业化的要求而产生的，因此它也将随着建筑标准化和工业化程度的发展而发展。例如，随着建筑物构配件向大型、轻质、高强方面发展，基本模数值和模数级差就有可能被修改，这样就必然会创立新的模数理论和模数制度。

（二）模数数列

模数数列应根据功能性和经济性原则确定。建筑物的开间或柱距，进深或跨度，梁、板、隔墙和门窗洞口宽度等分部件的截面尺寸宜采用水平基本模数和水平扩大模数数列，且水平扩大模数数列宜采用 $2nM$、$3nM$（n 为自然数）。建筑物的高度、层高和门窗洞口高度等宜采用竖向基本模数和竖向扩大模数数列，且竖向扩大模数数列宜采用 nM。构造节点和分部件的接口尺寸等宜采用分模数数列，且分模数数列宜采用 M/10、M/5、M/2。

（三）模数协调原则

为了使建筑物在满足设计要求的前提下，尽可能减少构配件的类型，使其达到标准化、系列化、通用化，充分发挥投资效益，对大量性建筑中的尺寸关系进行模数协调是必要的。

1. 模数尺寸

部件的尺寸对部件的安装有着重要的意义。在建筑设计和建筑模数协调中，涉及一些尺寸和公差概念，分别介绍如下：

①优先尺寸：从模数数列中事先选出的模数或扩大模数尺寸。

②标志尺寸：符合模数数列的规定，用以标注建筑物定位线或基准面之间的垂直距离以及建筑部件、建筑分部件、有关设备安装基准面之间的尺寸。

③制作尺寸：制作部件或分部件所依据的设计尺寸。

④实际尺寸：部件、分部件等生产制作后实际测得的尺寸。

⑤技术尺寸：模数尺寸条件下，非模数尺寸或生产过程中出现误差时所需的技术处理尺寸。

⑥公差：部件或分部件在制作、放线或安装时的允许偏差的数值。

⑦制作公差：部件或分部件在生产制作时，与制作尺寸之间的允许偏差。

⑧安装公差：部件或分部件安装时，基准面或基准线之间的允许偏差。

在指定领域中，部件基准面之间的距离，可采用标志尺寸、制作尺寸和实际尺寸来表示，分别对应的是部件的基准面、制作面和实际面。部件预先假设的制作完毕后的面，称为制作面，部件实际制作完成的面称为实际面。

部件的尺寸在设计、加工和安装过程中的关系应符合下列规定（图 1-22）：

①部件的标志尺寸应根据部件安装的互换性确定，并应采用优先尺寸系列；

②部件的制作尺寸应由标志尺寸和安装公差决定；

③部件的实际尺寸与制作尺寸之间应满足制作公差的要求。

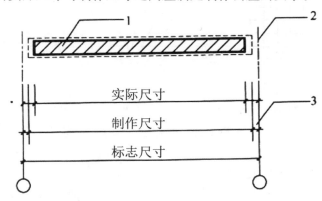

图 1-22　部件的尺寸

1—部件；2—基准面；3—装配空间

对于设计人员而言，他们更关心部件的标志尺寸，设计师根据部件的基准面来确定部件的标志尺寸。对制造业者来说，他们则需要关心部件的制作尺寸，制造商必须保证制作尺寸符合基本公差的要求。

对承建商而言，他们则需要关注部件的实际尺寸，以保证部件之间的安装协调。

厚度的优先尺寸符合模数要求是为保证墙体部件围合后的空间符合模数空间的要求；考虑到新型墙体材料的应用、传统厚度墙体材料的存在以及经济等因素，外墙厚度的优先尺寸系列保留了 150 mm、200 mm、250 mm、300 mm 等尺寸系列。层高和室内净高的优先尺寸间隔为 nM；20M～22M 一般用于地下室、设备层和仓库等；小于 20M 一般用于吊顶或设备区高度。柱截面尺寸通常根据结构计算确定。在满足结构计算的前提下，梁、柱截面宜采用 M 的倍数及其与 M/2 的组合确定，如柱子为 300 mm、350 mm、400 mm…，梁为 200 mm、250 mm、300 mm…，便于尺寸协调。

2. 模数网格

模数网格可由正交、斜交或弧线的网格基准线（面）构成，连续基准线（面）之间的距离应符合模数协调要求（图 1-23），不同方向连续基准线（面）之间的距离可采用非等距的模数数列（图 1-24）。相邻网格基准面（线）之间的距离可采用基本模数、扩大模数或分模数，对应的模数网格分别称为基本模数网格、扩大模数网格和分模数网格。

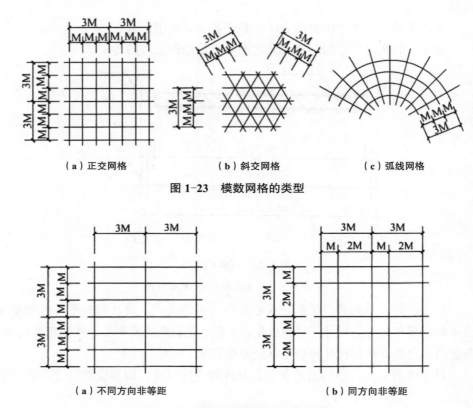

（a）正交网格　　　　　　（b）斜交网格　　　　　　（c）弧线网格

图 1-23　模数网格的类型

（a）不同方向非等距　　　　　　　　（b）同方向非等距

图 1-24　模数数列非等距的模数网格

对于模数网格在三维坐标空间中构成的模数空间网格，其不同方向上的模数网格可采用不同的模数，网格间距应等于基本模数或扩大模数，如图 1-25 所示。

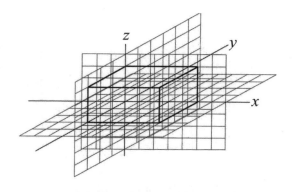

图 1-25 模数空间网格

模数网格的选用应符合下列规定：结构网格宜采用扩大模数网格，且优先尺寸应为 $2n$M、$3n$M 模数系列；装修网格宜采用基本模数网格或分模数网格。隔墙、固定橱柜、设备、管井等部件宜采用基本模数网格，构造做法、接口、填充件等分部件宜采用分模数网格。分模数的优先尺寸应为 M/2、M/5。

3. 部件定位

在模数空间内，当部件在某一方向的尺寸不是模数尺寸时，就需要技术尺寸来填充，以满足模数空间的要求。

部件定位是指确定部件在模数网格中的位置和所占的领域。部件定位主要依据部件基准面（线）、安装基准面（线）的所在位置决定，基准面（线）的位置确定可采用中心线定位法、界面定位法或以上两种方法的混合。

中心线定位法是指基准面（线）设于部件上（多为部件的物理中心线），且与模数网格线重叠的方法，如图 1-26 所示。

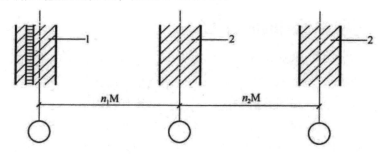

图 1-26 采用中心线定位法的模数基准面

1—外墙；2—柱、墙等部件

界面线定位法是指基准面（线）设于部件边界，且与模数网格线重叠的方法，如图 1-27 所示。

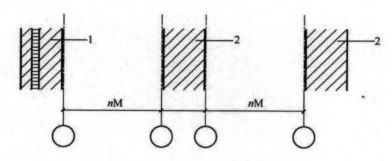

图 1-27　采用界面定位法的模数基准面

1—外墙；2—柱、墙等部件

当采用中心线定位法定位时，部件的中心基准面（线）并不一定要与部件的物理中心线重合，如偏心定位的外墙等。当部件不与其他部件毗邻连接时，一般可采用中心定位法，如框架柱的定位。当多部件连续毗邻安装，且需沿某一界面部件安装完整平直时，一般采用界面定位法，并通过双线网格保证部件占满指定领域。

按照我国的施工图平面绘制习惯，通常多以图面左侧下部的承重部件安装基准面为初始基准面，并统一给承重部件的安装基准面赋予定位轴线及轴线号。其他非承重构件则多以近邻定位轴线为初始基准面，通过与初始基准面之间的距离确定非承重部件的位置。

第4节　房屋建筑构造的影响因素与设计原则

一、影响房屋建筑构造的因素

房屋建筑处于自然环境和人为环境之中，受到各种自然因素和人为因素的影响（图 1-28）。为了提高房屋建筑的使用质量和耐久年限，在建筑构造设计时，必须充分考虑各种因素的影响，尽量利用其有利因素，避免或减轻不利因素的影响，提高房屋建筑对各种外界环境影响的抵御能力，并根据各种因素的影响程度,采取相应的、合理的构造方案和措施.影响房屋建筑构造的因素很多,归纳起来主要有以下几个方面：

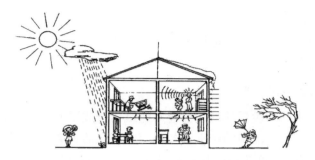

图 1-28　房屋建筑构造的影响因素

（一）自然环境因素的影响

我国幅员辽阔，各地的自然条件有很大的差异，如南北东西气候差别很大，建筑构造设计必须与各地的气候特点相适应，因此其必然具有明显的地域特征。大气温度、太阳热辐射以及风霜雨雪等均构成了影响建筑物使用质量和建筑物寿命的重要因素。若对自然环境因素的影响估计不足的话，就会出现建筑物的构配件因热胀冷缩而开裂、渗漏，或因室内温度不宜而影响正常工作生活等问题，影响建筑物的正常使用。为了防止和减轻自然环境因素对建筑物的不利影响，保证建筑物的正常使用，达到良好的耐久性要求，在构造设计时，必须掌握建筑物所在地区的自然环境条件，针对所受影响的性质和程度，对建筑物各个部位采取相应的防范措施，如保温、隔热、防水、防潮等，以防患于未然。

在建筑构造设计时，也应充分利用自然环境的有利因素，如利用自然通风的方式降温、利用太阳辐射改善室内热环境等。

（二）荷载作用的影响

建筑物要承受各种荷载作用的影响，一般把荷载分为永久荷载（也称恒载，如建筑物自重等）和可变荷载（也称活载，如人、家具、设备、风、雪的荷载等）。另外，根据荷载的作用方向，又可分为竖向荷载（所有由地球引力作用而产生的荷载）和水平荷载（风荷载和地震作用等）。荷载的大小和作用方式是建筑结构设计的主要依据，也是结构选型的重要基础。它决定着建筑结构的形式以及构件的材料、形状和尺寸。

在荷载作用中，风力的影响不可忽视。风力一般随距离地面高度的增加而增大，特别是沿海地区，风力影响更大。风荷载往往是影响高层建筑水平荷载的主要因素。

此外，我国是世界上地震多发国家之一，地震区分布相当广泛。因此，在建筑构造设计中必须高度重视地震作用的影响，根据各地震区地震活动频度和强度不同，严格按照《中国地震动参数区划图》（GB 18306—2015）中划定的各地区的设防烈度，对建筑物进行抗震设防，并应采取合理的抗震措施以增强建筑物的抗震能力。

（三）人为因素的影响

人类的各种生产和生活活动往往会对建筑物造成影响，如机械振动、化学腐蚀、噪声、生产和生活中的用水、各种因素引起的火灾和爆炸等，都属于人为因素的影响。因此，在进行建筑构造设计时，必须针对各种可能的人为因素，采取相应的防范措施，如隔振、防腐、防爆、防火、防水、隔声等，以保证建筑物的正常使用。

（四）建筑经济条件的影响

建筑经济条件对建筑构造的影响，主要是指特定建筑的造价要求对建筑装修标准和建筑构造的影响。建筑物的建造需要耗费巨大的人力、物力、财力，这就使建筑与经济产生了密切关系。从建筑的发展过程看，建筑功能、建筑技术和建筑艺术的发展，归根到底都是随着社会经济条件的发展而发展的。根据经济条件进行建筑构造设计是建筑设计的原则。对于不同等级和质量标准的建筑物，在经济问题上的考虑应区别对待，既要避免出现忽视标准、盲目追求豪华而带来的浪费，又要杜绝片面讲究节约所造成的安全隐患。

（五）建筑技术条件的影响

建筑技术条件是指建筑所处地区的建筑材料技术、结构技术和施工技术等条件。在建筑发展过程中，新材料、新结构、新设备及新的施工技术迅猛发展、不断更新，促使建筑构造更加丰富多彩，建筑构造要解决的问题随之也越来越多样化、复杂化。因此，在建筑构造设计中，要以构造原理为理论依据，在原有的、经典的构造方法基础上，不断创新设计出更先进更合理的建筑构造方案。

二、房屋建筑构造设计原则

建筑构造的影响因素非常多，这些影响因素涉及的学科也非常多，这给建筑构造设计工作带来了很大的难度。设计者必须全面深入地了解和掌握影响建筑构造的各种因素，掌握建筑构造的原理和方法，做出最优化的构造方案和设计。在建筑构造设计的过程中，以下设计原则应给予充分注意。

（一）要满足建筑物的基本功能要求

建筑构造设计的目的是要满足各类建筑物的承载和围护两大基本功能要

求，以满足人们从事各种生产、生活活动的需要。这里要强调的是，满足建筑物的基本功能要求是建筑构造设计的主要目的。我国幅员广大，民族众多、各地自然条件、生活习惯等都不尽相同。不同地域、不同类型的建筑物，往往会存在不同的功能要求。例如，北方寒冷地区的建筑物要考虑的重点是保温的问题和雪荷载的影响，而南方炎热地区的建筑物则更多地关心隔热的问题和通风降温的要求。随着科学技术的发展，建筑功能要求的发展是无止境的。因此，在建筑构造设计中，必须依靠科学技术知识，不断研究新问题，及时掌握和运用现代科技新成就，最大限度地满足人们越来越多、越来越高的物质功能和精神功能的要求。

（二）要确保建筑物的坚固与安全

在建筑构造设计中，除了根据建筑物承受荷载的情况来选择结构体系和确定构件的材料、形状和尺寸，以保证结构承载系统的坚固安全之外，还必须通过合理的构造设计来满足建筑物室内外各部位的装修以及门窗、栏杆扶手等一些建筑配件的坚固安全的要求，以确保建筑物在使用过程中的可靠和安全。

（三）要适应建筑工业化的需要

为了提高建设速度，改善劳动条件，在保证建筑施工质量的前提下降低物耗和造价，提高建筑工业化的水平，在建筑构造设计中，应大力推广先进的建筑技术，选用各种新型建筑材料，采用先进合理的施工工艺，尽量采用标准设计和定型构配件，为构配件的生产工厂化、现场施工机械化创造有利条件。

（四）要讲求建筑经济的综合效益

在建筑构造设计中，应注意建筑物的整体经济效益。既要降低建筑物的造价，节约材料消耗，又要考虑使用期间的运行、维修和管理费用，考虑其综合的经济效益。另外，在提倡节约、降低造价的同时，还必须保证工程质量。严格落实建筑材料和施工机械采购、验收工作，杜绝偷工减料等现象，决不能以牺牲工程质量和安全作为追求经济效益的代价。

（五）要考虑建筑物的美观要求

建筑物是人们的劳动产品，在满足人们社会生产和生活需要的同时，也要满足人们一定的审美要求。建筑的艺术造型，能反映时代精神，体现社会风貌。因此，在构造方案的处理上，还要考虑其造型、尺度、质感、色彩等艺术和美观问题，将艺术的构思与材料、结构、施工等条件巧妙地结合起来，以增强建筑艺术的表现力。

第2章 房屋建筑构造实体的类型及设计要求

第1节 屋顶与屋面构造

一、屋顶的类型

（一）屋顶的功能

屋顶，又称屋盖，是建筑物最上面覆盖的外围护结构。它的主要功能：一是抵御自然界的风雨、太阳辐射、气温变化和其他外界的不利因素，使屋顶所覆盖的空间有一个良好的使用环境；二是既要满足防水排水、保温隔热、抵御侵蚀等要求，又要满足强度、刚度和整体稳定性的要求。

（二）屋顶的形式

屋顶的形式与建筑的使用功能、屋面材料、结构类型以及建筑造型等因素有关。屋顶大致可分为平屋顶、坡屋顶和其他形式屋顶。

1. 平屋顶

（1）平屋顶的形式

民用建筑一般采用混合结构或框架结构，结构空间与建筑空间多为矩形，这种情况下若采用与楼顶基本类同的屋顶结构，就形成了平屋顶。平屋顶易于协调统一建筑与结构的关系，较为经济合理，因而是广泛采用的一种屋顶形式，如图 2-1 所示。

图 2-1 平屋顶

平屋顶也应有一定的排水坡度，一般把排水坡度小于 5% 的屋顶称为平屋顶，常用坡度为 2% ～ 3%。图 2-2 为平屋顶常见的几种形式。

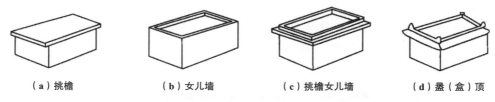

（a）挑檐　　　　　　（b）女儿墙　　　　　（c）挑檐女儿墙　　　　（d）叠（盒）顶

图 2-2 平屋顶的形式

（2）平屋顶的构造

平屋顶按屋面防水层的不同可分为卷材防水平屋顶、刚性防水平屋顶和涂料防水平屋顶三种类型。

1）卷材防水平屋顶

卷材防水平屋顶由多层材料叠合而成，其基本构造层次按构造要求由顶棚层、结构层、找平层、结合层、防水层和保护层组成，如图 2-3 所示。

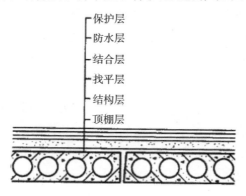

图 2-3 卷材防水平屋顶的构造

33

2）刚性防水平屋顶

刚性防水屋顶是指用细石混凝土作防水层的屋顶，因混凝土属于脆性材料，抗拉强度较低，故而称为刚性防水屋顶。刚性防水屋顶的主要优点是构造简单，施工方便，造价较低。缺点是易开裂，对气温变化和屋面基层变形的适应性较差。因此，刚性防水多用于日温差较小的我国南方地区防水等级为Ⅲ级的屋面防水，也可用作防水等级为Ⅰ、Ⅱ级的屋面多道设防中的一道防水层。刚性防水屋顶的构造一般有防水层、隔离层、找平层、结构层等，如图 2-4 所示。

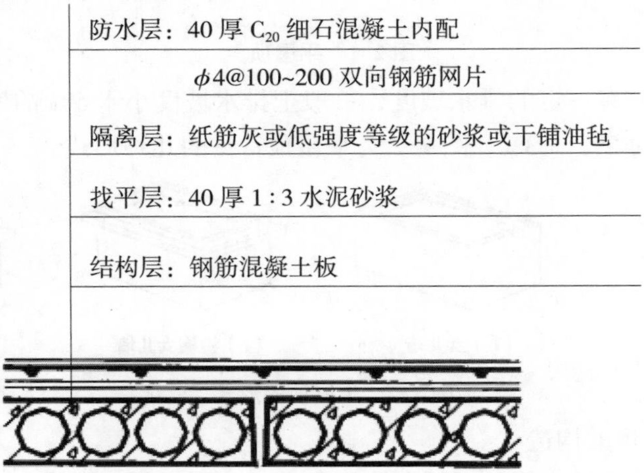

防水层：40 厚 C_{20} 细石混凝土内配

$\phi 4@100\sim200$ 双向钢筋网片

隔离层：纸筋灰或低强度等级的砂浆或干铺油毡

找平层：40 厚 1∶3 水泥砂浆

结构层：钢筋混凝土板

图 2-4　刚性防水屋顶的构造层次（单位：mm）

3）涂料防水平屋顶

所谓涂料防水是指利用刷、喷等工艺将防水涂料涂抹在基层表面，形成具有一定弹性和厚度的连续薄膜，使基层与雨水隔绝，从而起到防水作用。

涂料防水平屋顶的构造和卷材防水平屋顶相似，一般包括结构层、找坡层（材料找坡时设置）、找平层、结合层、防水层、保护层等构造层次。

2. 坡屋顶

（1）坡屋顶的形式

坡屋顶的屋面坡度较陡，其坡度一般大于 10%。坡屋顶是我国传统的建筑屋顶形式，在我国民用建筑中有广泛的应用，坡屋顶的形式和坡度主要取决于建筑平面结构形式、屋面材料、气候环境、风俗习惯和建筑造型等因素，常见的坡屋顶形式如图 2-5 所示。

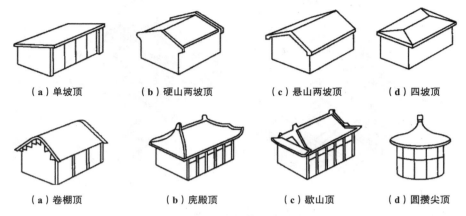

（a）单坡顶　　（b）硬山两坡顶　　（c）悬山两坡顶　　（d）四坡顶

（a）卷棚顶　　　（b）庑殿顶　　　（c）歇山顶　　　（d）圆攒尖顶

图 2-5　常见的坡屋顶形式

（2）坡屋顶的构造

坡屋顶一般是在基层上铺设各种瓦材，利用瓦材的相互搭接来防止雨水的渗漏。也可根据需要在屋面盖瓦（瓦主要起造型和装饰作用），瓦下再用其他材料做防水层。坡屋顶排水坡度一般为 1∶3（18.5°）～ 1∶0.58（60°），构造层次主要由承重结构和屋面面层组成，根据需要还可设置防水层、保温隔热层及屋顶天棚等。

坡屋顶中常用的承重结构有横墙承重、屋架承重和梁架承重三种类型，如图 2-6 所示。

（a）横墙承重　　　　（b）屋架承重　　　　（c）梁架承重

图 2-6　坡屋顶的承重结构类型

当坡屋顶的屋面由檩条、椽子、屋面板、防水材料、顺水条、挂瓦条、平瓦等层次组成时，这样的屋面叫作平瓦屋面。其中当檩条间距较小（一般小于800 mm）时，可直接在檩条上铺设屋面板，而不使用椽子，如图 2-7 所示。

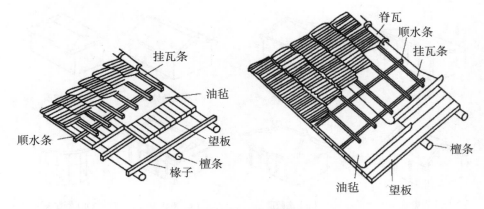

图 2-7　坡屋顶的屋面构造

3. 其他形式的屋顶

民用建筑通常采用平屋顶或坡屋顶，有时也采用曲面或折面等形状特殊的屋顶（图 2-8），这些屋顶的结构形式独特，其传力系统、材料性能、施工及结构技术等都有一系列的理论和规范，建筑设计应在此基础上进行艺术处理，以创造出新型的建筑形式。

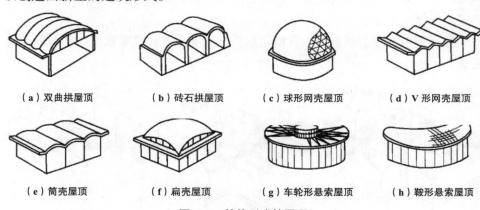

（a）双曲拱屋顶　　　（b）砖石拱屋顶　　　（c）球形网壳屋顶　　　（d）V 形网壳屋顶

（e）筒壳屋顶　　　（f）扁壳屋顶　　　（g）车轮形悬索屋顶　　　（h）鞍形悬索屋顶

图 2-8　其他形式的屋顶

二、屋面工程的设计要求

（一）屋面的构造层次

屋面就是建筑物屋顶的表面，它主要是指屋脊与屋檐之间的部分，这一部分占据了屋顶的较大面积，或者说屋面是屋顶中面积较大的部分。屋面的基本构造层次如表 2-1 所示。

表 2-1　屋面的基本构造层次

屋面类型	基本构造层次（自上而下）
卷材、涂膜屋面	保护层、隔离层、防水层、找平层、保温层、找平层、找坡层、结构层
	保护层、保温层、防水层、找平层、找坡层、结构层
	种植隔热层、保护层、耐根穿刺防水层、防水层、找平层、保温层、找平层、找坡层、结构层
	架空隔热层、防水层、找平层、保温层、找平层、找坡层、结构层
	蓄水隔热层、隔离层、防水层、找平层、保温层、找平层、找坡层、结构层
	块瓦、挂瓦条、顺水条、持钉层、防水层或防水垫层、保温层、结构层
	沥青瓦、持钉层、防水层或防水垫层、保温层、结构层
瓦屋面	块瓦、挂瓦条、顺水条、持钉层、防水层或防水垫层、保温层、结构层
	沥青瓦、持钉层、防水层或防水垫层、保温层、结构层
金属板屋面	压型金属板、防水垫层、保温层、承托网、支承结构
	上层压型金属板、防水垫层、保温层、底层压型金属板、支承结构
	金属面绝热夹芯板、支承结构
玻璃采光顶	玻璃面板、金属框架、支承结构
	玻璃面板、点支承装置、支承结构

注：①表中结构层包括混凝土基层和木基层，防水层包括卷材和涂膜防水层，保护层包括块体材料、水泥砂浆、细石混凝土保护层。

②有隔汽要求的屋面，应在保温层与结构层之间设隔汽层。

（二）屋面工程的划分

屋面工程各子分部工程和分项工程的划分，如表 2-2 所示。

表 2-2　屋面工程各子分部工程和分项工程的划分

分部工程	子分部工程	分项工程
屋面工程	基层与保护	找坡层、找平层、隔汽层、隔离层、保护层
	保温与隔热	板状材料保温层、纤维材料保温层、喷涂硬泡聚氨酯保温层、现浇泡沫混凝土保温层、种植隔热层、架空隔热层、蓄水隔热层
	防水与密封	卷材防水层、涂膜防水层、复合防水层、接缝密封防水

分部工程	子分部工程	分项工程
屋面工程	瓦面与板面	烧结瓦和混凝土瓦铺装、沥青瓦铺装、金属板铺装、玻璃采光顶铺装
	细部构造	檐口、檐沟和天沟、女儿墙和山墙、水落口、变形缝、伸出屋面管道、屋面出入口、反梁过水孔、设施基座、屋脊、屋顶窗

（三）屋面工程设计的基本要求

屋面是建筑的外围护结构，主要起覆盖作用，借以抵抗雨雪、日晒等自然因素的影响，同时亦起着保温、隔热和稳定墙身等作用。屋面工程的基本功能不仅为建筑的耐久性和安全性提供保证，而且成为防水、节能、环保、生态及智能建筑技术健康发展的平台，因此，保证其基本功能在屋面工程设计中具有十分重要的意义和作用。屋面工程设计应遵照"保证功能、构造合理、防排结合、优选用材、美观耐用"的原则，其基本要求如下：

1. 具有良好的排水功能和阻止水侵入建筑物内的作用

排水是利用水向下流的特性，不使水在防水层上积滞，使水尽快排离屋面。防水是利用防水材料的致密性、憎水性构成一道封闭的防线，隔绝水的渗透。因此，屋面排水可以减轻防水的压力，屋面防水又为排水提供了充裕的时间，防水与排水是相辅相成的。

屋面防水工程应根据建筑物的类别、重要程度、使用功能要求确定防水等级，并应按相应等级进行防水设防。对防水有特殊要求的建筑屋面，应进行专项防水设计。屋面防水等级和设防要求应符合表2-3的规定。

表2-3　屋面防水等级和设防要求

防水等级	建筑类别	设防要求
Ⅰ级	重要建筑和高层建筑	两道防水设防
Ⅱ级	一般建筑	一道防水设防

屋面防水层的成品保护是一个非常重要的环节。屋面防水层完工后，往往在后续工序作业时会造成防水层的局部破坏，所以必须做好防水层的保护工作。另外，屋面防水层完工后，严禁在其上凿孔、打洞，破坏防水层的整体性，以避免屋面渗漏。

2. 冬季保温以减少建筑物的热损失和防止结露

对于建筑物来说，热量损失主要包括外墙体、外门窗屋面及地面等围护结构的热量损耗，一般居住建筑屋面热量损耗约占整个建筑热损耗的 20%。按我国建筑热工设计分区的设计要求，严寒地区必须满足冬季保温，寒冷地区应满足冬季保温，夏热冬冷地区应适当兼顾冬季保温。屋面应采用轻质、高效、吸水率低、性能稳定的保温材料，以提高构造层的热阻；同时，屋面传热系数必须满足当地建筑节能设计标准的要求，以减少建筑物的热损失。

建筑围护结构热工性能直接影响建筑采暖和空调的负荷与能耗，必须予以严格控制。保温材料的导热系数随材料的密度提高而增加，并且与材料的孔隙大小和构造特征有密切关系。一般是多孔材料的导热系数较小，但当其孔隙中充满空气、水、冰时，材料的导热性能就会发生变化。因此，要保证材料优良的保温性能，就要保证材料尽量干燥不受潮，吸水受潮后尽量不受冰冻，这对施工和使用都有很现实的意义。

保温材料的抗压强度或压缩强度，是材料主要的力学性能。材料在使用时一般会受到外力的作用，当材料内部产生的应力增大到超过材料本身所能承受的极限值时，材料就会被破坏。因此，必须根据材料的主要力学性能因材使用，才能更好地发挥材料的优势。

保温材料的燃烧性能是可燃性建筑材料分级的一个重要判定指标。建筑防火关系到人民生命财产安全和社会稳定，国家对其高度重视，出台了一系列规定，相关标准规范也即将颁布。因此，保温材料的燃烧性能是防止火灾隐患的重要条件。

屋面大多数采用外保温构造，造成屋面的内表面大面积结露的可能性不大，结露大都出现在外墙和屋面交接的位置附近。热桥是指建筑围护结构中局部的传热系数明显大于主体部位的节点。屋面的热桥主要出现在檐口、女儿墙与屋面连接等处，设计时应注意屋面热桥部位的特殊处理，即加强热桥部位的保温，减少采暖负荷。

3. 夏季隔热以降低建筑物对太阳能辐射热的吸收

按我国建筑热工设计分区的设计要求，夏热冬冷地区必须满足夏季防热要求，夏热冬暖地区必须充分满足夏季防热要求。屋面应利用隔热、遮阳、通风、绿化等方法来降低夏季室内温度，也可采用适当的围护结构减少太阳的辐射传入室内。在我国南方一些省份，夏季时间较长、气温较高，随着生活的不断改善，人们对住房的隔热要求也逐渐增加，采取了种植、架空、蓄水等屋面隔热措施。例如，我国广东、广西、湖南、湖北、四川等省属夏热冬暖地区，为解决炎热季节室内温度过高的问题，多采用架空隔热层措施。屋面隔热层设计应根据地域、气候、屋面形式、建筑环境、使用功能等条件,经技术经济比较确定。这是因为同样类型的建筑在不同地区采用的隔热方式也有很大区别,不能随意套用标准图或其他做法。从发展趋势看,由于绿色环保及美化环境的要求,采用种植隔热方式将胜于架空隔热和蓄水隔热。屋面若采用含有轻质、高效保温材料的复合结构,对于达到所需传热系数比较容易,而要达到较大的热惰性指标则很困难,因此对屋面结构形式和隔热性能亟待改善。屋面传热系数和热惰性指标必须满足本地区建筑节能设计标准的要求,在保证室内热环境的前提下,使夏季空调能耗得到控制。

4. 适应主体结构的受力变形和温差变形

屋面结构设计一般应考虑自重、雪荷载、风荷载、施工或使用荷载,结构层应保证屋面有足够的承载力和刚度;由于受到地基变形和温差变形的影响,建筑物除应设置变形缝外,屋面构造层必须采取有效措施。有关资料表明,导致防水功能失效的主要症结,是防水工程在结构荷载和变形荷载的作用下产生的变形,当变形受到约束时,就会引起防水主体的开裂。因此,屋面工程一是要有抵抗外荷载和变形的能力,二是要减少约束、适当变形。在屋面工程中,采取"抗"与"放"的结合尤为重要。

5. 承受风、雪荷载的作用不产生破坏

虽然屋面工程不作为承重结构使用,但对其力学性能和稳定性仍然提出了要求。国内外屋顶突然坍塌事故,给了我们深刻的教训。屋面系统在正常荷载引起的联合应力作用下,应能保持稳定;对金属屋面、采光顶来讲,承受风、雪荷载必须符合现行国家标准《建筑结构荷载规范》(GB 50009—2012)的有关规定,特别是屋面系统应具有足够的力学性能,使其能够抵抗由风力产生的压力、吸力和振动,而且应有足够的安全系数。

6. 具有阻止火势蔓延的性能

对屋面系统的防火要求,应依据法律、法规制定有关实施细则。屋面系统所用材料的燃烧性能和耐火极限必须符合现行国家标准《建筑设计防火规范》(GB 50016—2014)的有关规定,屋面工程应采取必要的防火构造措施,保证防火安全。

7. 满足建筑外形美观和使用要求

建筑应具有物质和艺术的两重性,既要满足人们的物质需求,又要满足人们的审美要求。现代城市建筑由于跨度大、功能多、形状复杂、技术要求高,传统的屋面技术已很难适应。随着人们对屋面功能要求的增加及新型建筑材料的发展，屋面工程设计突破了过去千篇一律的屋面形式。通过建筑造型表达的艺术性，不应刻意表现烦琐、豪华的装饰，而应重视功能适用、结构安全、形式美观。

第 2 节　墙体与墙面构造

一、墙体的类型及设计要求

在墙承重结构的建筑中，墙体主要起承重、围护、分隔作用，是房屋不可缺少的重要组成部分，它和楼板层与屋顶共同被称为建筑的主体工程。承重作用是指墙体承担由楼板或者屋顶传递的荷载、水平的风荷载等，并把这些荷载传给墙下的基础，如砖混结构中承重的墙体。围护作用是指墙体能抵御自然界风、雨、雪等的侵袭。分隔作用是指通过墙体把房屋建筑内部分隔成若干个房间。墙体的重量占房屋总重量的 40% ～ 65%，墙体的造价占工程总造价的30% ～ 40%，所以，在选择墙体的材料和构造方法时，应综合考虑建筑的造型、结构、经济等方面的因素。

（一）墙体的类型

根据墙体的位置特征、受力情况、构造方式、施工方法及使用材料可以将墙体分为不同的类型。

1. 按墙体的位置特征分类

（1）内墙

内墙是指建筑物内部的墙体，主要是分隔房间之用。

（2）外墙

外墙是指建筑物外围的墙体，它能遮挡风雨和阻隔外界气温及噪声等对室内的影响。

根据布置方向又可以把内墙、外墙分为横墙和纵墙两种形式。

①横墙。沿建筑物短轴方向布置的墙称为横墙。横向外墙又称为山墙。

②纵墙。沿建筑物长轴方向布置的墙称为纵墙。纵墙有内纵墙与外纵墙之分。

（3）窗间墙与窗下墙

同一层内，窗与窗或门与窗之间的墙称为窗间墙。窗洞下部的墙称为窗下墙。

（4）女儿墙

房屋四周伸出屋顶的墙称为女儿墙，如图2-9所示。

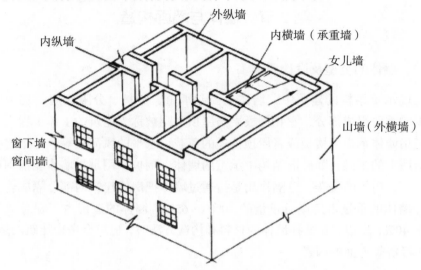

图2-9 不同位置方向的墙体名称

2.按墙体的受力情况分类

根据受力情况不同，墙体可分为承重墙和非承重墙。

（1）承重墙

承重墙是指能直接承受楼板、屋顶、梁等传下来的荷载及水平风荷载、地震作用的墙体。

（2）非承重墙

非承重墙是指不承受外来荷载的墙体。在砖混结构中，非承重墙可以分为自承重墙和隔墙（图2-10）。自承重墙仅承受自身重量，并把自重传给基础。隔墙则把自重传给楼板层或附加的小梁。在框架结构中，非承重墙可以分为填充墙和幕墙（图2-11）。填充墙是位于框架梁柱之间的墙体。当墙体悬挂于框架梁柱的外侧起围护作用时，这时的墙体称为幕墙，如玻璃幕墙、铝塑板墙等。幕墙的自重由其连接固定部位的梁柱承担。位于高层建筑外围的幕墙，虽然不承受竖向的外部荷载，但受高空气流影响需承受以风力为主的水平荷载，并通过与梁柱的连接传递给框架系统。

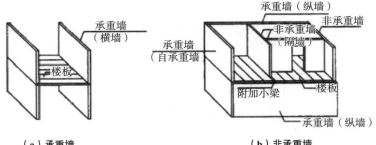

（a）承重墙　　　　　　　　　　（b）非承重墙

图 2-10　砖混结构中不同受力情况的墙体名称

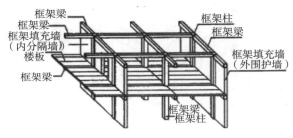

（a）填充墙

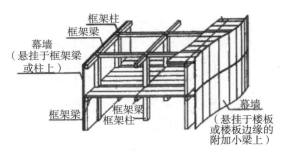

（b）幕墙

图 2-11　框架结构中不同受力情况的墙体名称

3. 按墙体的构造方式分类

墙体按构造方式可以分为实体墙、空体墙和组合墙三种（图 2-12）。

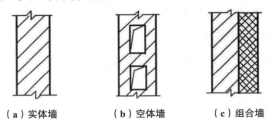

（a）实体墙　　　　（b）空体墙　　　　（c）组合墙

图 2-12　不同构造方式的墙体名称

（1）实体墙

实体墙由单一材料组成，如普通砖墙、实心砌块墙、混凝土墙、钢筋混凝土墙等。

（2）空体墙

空体墙也是由单一材料组成的，既可以由单一材料砌成内部空腔，如空斗砖墙（图2-13），也可用具有孔洞的材料建造墙体，如空心砌块墙（图2-14）、空心板材墙等。

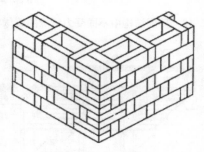

图 2-13　空斗砖墙

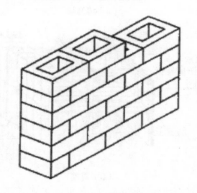

图 2-14　空心砌块墙

（3）组合墙

组合墙由两种以上材料组合而成，如钢筋混凝土和加气混凝土构成的复合板材墙，其中钢筋混凝土起承重作用，加气混凝土起保温隔热作用。

4.按墙体的施工方法分类

墙体按施工方法可分为块材墙、板筑墙及板材墙三种。

（1）块材墙

块材墙是用砂浆等胶结材料将砖石块材等组砌而成的，如砖墙、石墙及各种砌块墙等。

（2）板筑墙

板筑墙是在现场立模板，现浇而成的墙体，如现浇混凝土墙等。

（3）板材墙

板材墙是预先制成墙板，施工时安装而成的墙，如预制混凝土大板墙、各种轻质条板内隔墙等。

5. 按墙体的使用材料分类

墙体根据使用的材料不一样，可分为砖墙（图 2-15）、钢筋混凝土墙、石墙（图 2-16）、土墙等。

图 2-15　砖墙结构的房屋

图 2-16　石墙结构的房屋

（二）墙体的设计要求

根据墙体所处位置和功能的不同，设计时应满足以下要求：

1. 应具有足够的强度和稳定性

墙体的强度与所用材料和墙体厚度有关。同时墙体的稳定性与墙的长度、高度、厚度以及纵横向墙体间的距离有关。当墙身高度、长度确定后，通常可通过增加墙体厚度及增设墙垛、壁柱、圈梁等办法增加墙体稳定性。

砖墙是脆性材料，变形能力小，如果层数过多，重量就会大，可能会破碎和错位，甚至被压垮。特别是地震区，房屋的破坏程度随层数增多而加重，因而对房屋的高度及层数有一定的限值，见表 2-4。

表 2-4　多层砖房总高和层数限值

最小墙厚	抗震设防烈度							
	6		7		8		9	
240 mm	高度 /m	层数	高度 /m	层数	高度 /m	层数	高度 /m	层数
	21	7	21	7	18	6	12	4

2. 应具有必要的保温、隔热等方面的性能

作为围护结构的外墙，保温、隔热的性能十分重要。北方寒冷地区要求围护结构应具有较好的保温能力，以减少室内热损失，同时还应防止在围护结构内表面和保温材料内部出现凝聚水现象。南方地区建筑为防止夏季室内温度过高，除布置上考虑朝向、通风外，其外围护结构还应具有一定的隔热性能。

3. 应满足防火要求

墙体材料及墙身厚度都应符合防火规范中对燃烧性能和耐火极限的要求。在较大的建筑中应设置防火墙，把建筑分成若干区段，以防止火灾蔓延。

4. 应满足建筑节能要求

为贯彻国家的节能政策，改善严寒和寒冷地区居住建筑采暖能耗大、热工效率差的状况，必须通过建筑设计和构造措施来节约能耗。

5. 应满足隔声要求

为了使室内有安静的环境，保证人们的工作和生活不受噪声的干扰，要求建筑应根据使用性质的不同进行不同标准的噪声控制，如城市住宅 42dB、教室 38 dB、剧场 34 dB 等。墙体主要隔离由空气直接传播的噪声。空气声在墙体中的传播途径有两种：一是通过墙体的缝隙和微孔传播；二是在声波作用下墙体受到振动，声音透过墙体而传播。建筑内部的噪声（说话声、家用电器声等）和室外噪声（汽车声、喧闹声等），从各个构件传入室内。控制噪声，对墙体一般采取以下措施：

①加强墙体缝隙的填密处理；

②增加墙厚和墙体的密实性；

③采用有空气间层式多孔性材料的夹层墙；

④尽量利用垂直绿化。

此外，作为墙体还应考虑防潮、防水以及经济等方面的要求。

二、砖墙的构造

（一）砖墙材料

砖墙是用砂浆将一块块砖按一定技术要求砌筑而成的砌体，其材料是砖和砂浆。

1. 砖

砌墙用的砖类型很多，按材料分有黏土砖、炉渣砖、灰砂砖、粉煤灰砖等，按形状分有实心砖、空心砖和多孔砖等。其中常用的是普通黏土砖。

普通黏土砖以黏土为主要原料，经成型、干燥焙烧而成，有红砖和青砖之分。青砖比红砖强度高，耐久性好。

我国标准砖的规格为 240 mm×115 mm×53 mm，长∶宽∶厚=4∶2∶1（包括 10 mm 宽灰缝），用标准砖砌筑墙体时是以砖宽度的倍数，即 115+10=125（mm）为模数的。这与我国现行《建筑模数协调统一标准》（GB/T 50002—2013）中的基本模数 M=100 mm 不一致，因此在使用中，应注意标准砖的这一特征。

砖的抗压强度以强度等级表示，分别为 MU30、MU25、MU20、MU15、MU10、MU7.5 六个级别。

MU30 表示砖的极限抗压强度平均值为 30 MPa，即每平方毫米可承受 30 N 的压力。

2. 砂浆

砂浆是砌块的胶结材料。常用的砂浆有水泥砂浆、石灰砂浆、混合砂浆和黏土砂浆。

①水泥砂浆由水泥、砂加水拌和而成，属水硬性材料，强度高，但可塑性和保水性较差，适宜砌筑湿环境下的砌体，如地下室、砖基础等。

②石灰砂浆由石灰膏、砂加水拌和而成。由于石灰膏为塑性掺合料，所以石灰砂浆的可塑性很好，但它的强度较低，且属于气硬性材料，遇水后强度会降低，所以适宜砌筑次要的民用建筑的地上砌体。

③混合砂浆由水泥、石灰膏、砂加水拌和而成。混合砂浆既有较高的强度，也有良好的可塑性和保水性，故它在民用建筑地上砌体中被广泛采用。

④黏土砂浆由黏土加砂加水拌和而成，强度很低，仅适于土坯墙的砌筑，多用于乡村民居。

砌筑砂浆的配合比取决于结构要求的强度。砂浆强度等级有 M15、M10、M7.5、M5、M2.5、M1、M0.4 共 7 个级别。常用砌筑砂浆的等级是 M2.5 和 M5。

（二）砖墙的组砌方式

组砌是指块材在砌体中的排列。组砌的关键是错缝搭接，使上下层块材的垂直缝交错，保证墙体的整体性。如果墙体表面或内部的垂直缝处于一条线上，即形成通缝，如图 2-17 所示。在荷载作用下，通缝会使墙体的强度和稳定性显著降低。根据砖的类型和组砌方式，可以将砖墙分为实心砖墙、空斗砖墙和空花墙等。

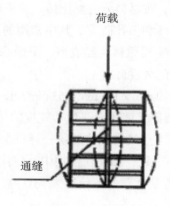

图 2-17 通缝示意图

1. 实心砖墙

实心砖墙是指用实心砖砌筑的内部不留空隙的砖墙。按照砖在墙体中的排列方式，把长度沿着墙长方向砌筑的砖称为顺砖；长度垂直于墙长方向砌筑的砖称为丁砖。上下两皮（层或行）砖之间的水平缝称为横缝，左右两块砖之间的缝称为竖缝。标准缝宽为 10 mm，可以在 8 ～ 12 mm 间进行调节。要求丁砖和顺砖交替砌筑，灰浆饱满、横平竖直（图 2-18）。丁砖和顺砖可以层层交错，也可以根据需要隔一定高度或在同一层内交错，由此带来墙体的图案变化和砌体内错缝程度的不同。当墙面不抹灰做清水墙面时，应考虑块材排列方式不同带来的墙面图案效果。实心砖墙的组砌方式如图 2-19 所示，其中，"一砖墙"指墙厚为 240 mm，"半砖墙"指墙厚为 120 mm（不包括水泥砂浆和粉刷层）。

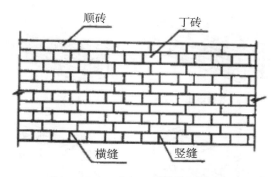

图 2-18 丁砖和顺砖的排列方式

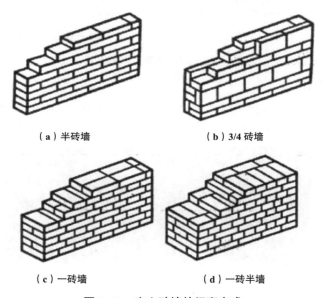

（a）半砖墙　　　　　　　（b）3/4 砖墙

（c）一砖墙　　　　　　　（d）一砖半墙

图 2-19 实心砖墙的组砌方式

2. 空斗砖墙

空斗砖墙是指用实心砖侧砌或平、侧交替砌筑而成的砖墙，墙体内部形成较大的空心。在空斗砖墙中，侧砌的砖称为斗砖，平砌的砖称为眠砖，空斗墙的构造形式有无眠空斗（全部由斗砖层砌成）、一眠一斗（由一皮眠砖层和一皮斗砖层相隔砌成）、一眠二斗（由一皮眠砖层和二皮斗砖层相隔砌成）和一眠三斗（由一皮眠砖层和三皮斗砖层相隔砌成）。空斗砖墙的组砌方式如图 2-20 所示。

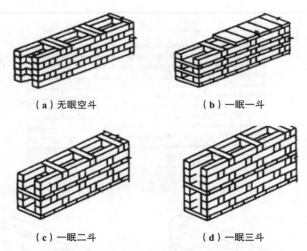

（a）无眠空斗 　　　　　　　　（b）一眠一斗

（c）一眠二斗 　　　　　　　　（d）一眠三斗

图 2-20　空斗砖墙的组砌方式

3. 空花砖墙

空花砖墙是指将砖按一定规则的图案砌筑而成的透空墙体。空花砖墙多用于围墙、公共厕所的外墙等，如图 2-21 所示。

图 2-21　空花砖墙示例

（三）砖墙的细部构造

墙体的细部构造包括墙脚、窗台、门窗过梁、墙身的加固和防火墙等。

1. 墙脚

墙脚是指室内地面以下、基础以上的这段墙体。内外墙都有墙脚，外墙的墙脚又称为勒脚。

内墙和外墙中墙脚的位置如图 2-22 所示。砌体本身存在很多微孔，同时墙脚所处的位置常有地表水和土壤中的水渗入，这些因素容易导致墙身受潮、饰面层脱落，从而影响室内卫生环境。因此，必须做好墙脚防潮、增强勒脚的坚固及耐久性、排除房屋四周地面水。

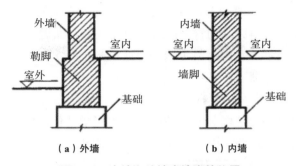

（a）外墙　　　　　　　　（b）内墙

图 2-22　内墙和外墙中墙脚的位置

（1）墙身防潮

墙身防潮是在墙脚铺设防潮层（图 2-23），以防止土壤中的水分由于毛细作用上升使建筑物墙身受潮，提高建筑物的耐久性，保持室内干燥、卫生。因此，墙身防潮层应在所有的内外墙中连续设置，且按构造形式不同分为水平防潮层和垂直防潮层两种。

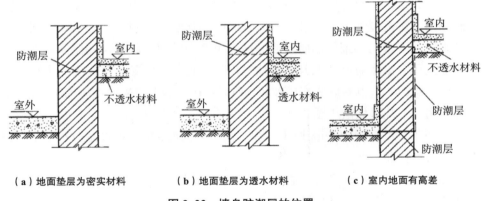

（a）地面垫层为密实材料　　　　（b）地面垫层为透水材料　　　　（c）室内地面有高差

图 2-23　墙身防潮层的位置

墙身水平防潮层的构造做法常用的有以下三种：

①防水砂浆防潮层，采用 1 ∶ 2 水泥砂浆加水泥用量 3% ～ 5% 防水剂，厚度为 20 ～ 25 mm 或用防水砂浆砌三皮砖作防潮层。此种做法构造简单，但砂浆开裂或不饱满时影响防潮效果

②细石混凝土防潮层，采用 60 mm 厚的细石混凝土带，内配三根 $\phi6$ mm 钢筋，其防潮性能好。

③油毡防潮层，先抹 20 mm 厚水泥砂浆找平层，上铺一毡二油，此种做法防水效果好，但有油毡隔离，削弱了砖墙的整体性，不应在刚度要求高或地震区采用。

墙身垂直防潮层一般设置在外墙体的迎水面，采用水泥砂浆（掺和5%防水粉，20 mm厚），再涂刷沥青油两道，也可在迎水面做卷材防水层。

如果墙脚采用不透水的材料（如条石或混凝土等），或设有钢筋混凝土地圈梁时，可以不设防潮层。

（2）勒脚

勒脚是指建筑物的外墙与室外地面或散水接触部位墙体的加厚部分，其高度一般为室内地坪与室外地坪的高度差，勒脚如图2-24所示。

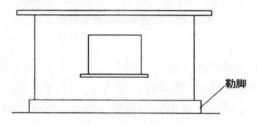

图 2-24　勒脚示意图

勒脚起保护墙身和增加建筑物立面美观的作用，但由于它容易受到外界的碰撞和雨、雪的侵蚀，遭到破坏，以致影响到建筑物的耐久性和美观。同时，地表水和地下水的毛细作用所形成的地潮也会造成对勒脚部位的侵蚀。不仅如此，地潮还会沿墙身不断上升，致使室内抹灰粉化、脱落，抹灰表面生霉，影响人体健康；冬季也易形成冻融破坏。所以，在构造上应采取相应的防护措施，一般采用以下几种做法（图2-25）：

①抹灰。可采用20 mm厚1：3水泥砂浆抹面，1：2水泥白石子浆水刷石或斩假石抹面。此法多用于一般建筑。

②贴面。可采用天然石材或人工石材，如花岗石、水磨石板等。其耐久性、装饰效果好，用于高标准建筑。

③勒脚采用石材，如条石等。

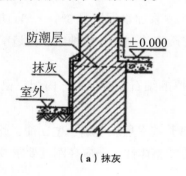

（a）抹灰

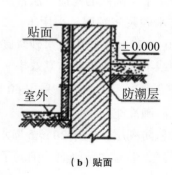

（b）贴面

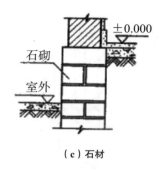

（c）石材

图 2-25　勒脚构造做法

（3）明沟与散水

明沟又称阳沟，位于外墙四周，它是一种将屋面雨水有组织地导向地下集水口，流向排水系统的小型排水沟。明沟一般用混凝土现浇，外抹水泥砂浆，或用砖石砌筑再抹水泥砂浆而成。明沟的构造做法可用砖砌、石砌、混凝土现浇，沟底应做纵坡，坡度为 0.5% ～ 1%，宽度为 220 ～ 350 mm。

散水是设在外墙四周的倾斜护坡，坡度为 3% ～ 5%，宽度一般为 600 ～ 1000 mm，并要求比无组织排水屋顶檐口宽 200 mm 左右。所用材料与明沟相同。散水宽度一般为 0.6 ～ 1.0 m。散水与外墙交接处应设分格缝，分格缝用弹性材料嵌缝，防止外墙下沉时将散水拉裂。散水整体面层纵向距离每隔 6 ～ 12 m 做一道伸缩缝。散水的做法通常是在素土夯实上铺三合土、混凝土等材料，厚度一般为 60 ～ 70 mm。散水应设不小于 3% 的排水坡。

房屋四周可采取散水或明沟排除雨水。当屋面为有组织排水时一般设明沟或暗沟，也可设散水。屋面为无组织排水时一般设散水，但应加滴水砖（石）带。

2. 窗台

窗台是窗洞下部的构造，主要作用是用来排除窗外侧流下的雨水，防止雨水渗入窗下框与窗洞下边交界处，并起到一定的装饰作用。位于窗外的窗台称为外窗台，位于室内的窗台称为内窗。当墙很薄，窗框沿墙内缘安装时，可不设内窗台。外窗台的形式有悬挑窗台和不悬挑窗台。悬挑的宽度一般为 60 mm，窗台构造如图 2-26 所示。

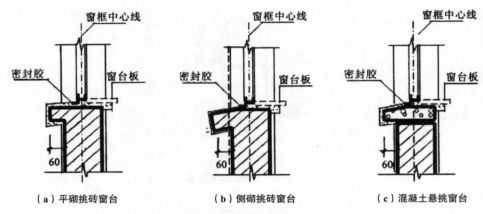

（a）平砌挑砖窗台　　　　（b）侧砌挑砖窗台　　　　（c）混凝土悬挑窗台

图 2-26　窗台构造（单位：mm）

悬挑窗台有两种形式：一种是采用顶砌一皮砖，悬挑 60 mm，外部用水泥砂浆抹灰，并于外沿下部分设滴水；另一种是用一砖侧砌，亦悬挑 60 mm，水泥砂浆勾缝，这种形式称为清水窗台。

从实践中发现，悬挑窗台不论是否做了滴水处理，对不少采用抹灰的墙面，往往绝大多数窗台下部墙面都出现脏水流淌的痕迹，影响立面美观。为此，不少的建筑取消了悬挑窗台，代之以不悬挑的仅在上表面抹水泥砂浆斜面的窗台。由于窗台不悬挑，一旦窗上雨水下淌时，便沿墙面流下，而流到窗下墙上的脏迹，大多借窗上不断流下的雨水冲洗干净，反而不易积脏。

3. 门窗过梁

用来承受门窗洞口上部墙体的重力和楼板等传来的荷载，在门窗洞口上沿设置的梁称为过梁。过梁的形式有砖拱过梁、钢筋砖过梁和钢筋混凝土过梁 3 种。其中，以钢筋混凝土过梁的使用最为广泛。

（1）砖拱过梁

砖拱过梁有平拱过梁、弧拱过梁和半圆拱过梁三种形式，工程中多用平拱过梁。平拱过梁是我国传统的过梁做法。平拱过梁由普通砖侧砌和立砌形成，砖应为单数并对称于中心向两边倾斜。灰缝呈上宽（不大于 15 mm）下窄（不小于 5 mm）的楔形。平拱过梁的跨度不应超过 1.2 m。它节约钢材和水泥，但施工麻烦，整体性差，不宜用于上部有集中荷载、有较大振动荷载或可能产生不均匀沉降的建筑。

（2）钢筋砖过梁

钢筋砖过梁就是在门窗洞口上部的砂浆层内配置钢筋的平砌砖过梁。钢筋砖过梁用砖不低于 MU7.5，砌筑砂浆不低于 M2.5。一般在洞口上方先支木模，砖平砌，下设 3 ～ 4 根 ϕ6 mm 钢筋要求伸入两端墙内不少于 240 mm，梁高砌 5 ～ 7 皮砖或不小于 1/4 洞口跨度的高度，如图 2-27 所示，其中 "3ϕ6" 表示 3 根 ϕ6 mm 的钢筋。钢筋砖过梁净跨（门洞宽）宜为 1.5 ～ 2m。

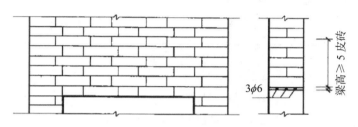

图 2-27　钢筋砖过梁示意图（单位：mm）

（3）钢筋混凝土过梁

当门窗洞口跨度超过 2 m 或上部有集中荷载时，需采用钢筋混凝土过梁。钢筋混凝土过梁有现浇和预制两种。它坚固耐久，施工简便，目前被广泛采用。

钢筋混凝土过梁的截面尺寸及配筋应经计算确定，并应是砖厚的整倍数，宽度等于墙厚，两端伸入墙内不小于 240 mm 钢筋混凝土过梁的截面形状有矩形和 L 形，矩形多用于内墙和外混水墙中，L 形分为小挑口和大挑口断面，多用于外清水墙（大挑口）和有保温要求的墙体中，此时应注意 L 口朝向室外（图 2-28）。

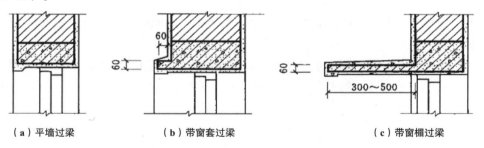

（a）平墙过梁　　　　　　（b）带窗套过梁　　　　　　（c）带窗楣过梁

图 2-28　钢筋混凝土过梁的形式（单位：mm）

4. 墙身的加固

由于集中荷载、开洞以及地震等因素的影响，墙体稳定性会有所降低，这时，需对墙身采取加固措施，通常采用如下办法。

（1）壁柱和门垛

当墙体的窗间墙上出现集中荷载，而墙厚又不足以承担其荷载，或当墙体的长度和高度超过一定限度并影响到墙体稳定性时，常在墙身局部适当位置增设凸出墙面的壁柱以提高墙体刚度。壁柱突出墙面的尺寸一般为

120 mm × 370 mm、240 mm × 370 mm、240 mm × 490 mm 或根据结构计算确定。

当在较薄的墙体上开设门洞时，为便于门框的安置和保证墙体的稳定，应在门靠墙转角处或丁字接头墙体的一边设置门垛，门垛凸出墙面不少于120 mm，宽度同墙厚（图 2-29）。

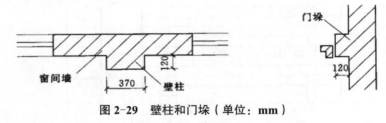

图 2-29　壁柱和门垛（单位：mm）

（2）圈梁

圈梁是沿房屋外墙、内纵墙和部分横墙设置的连续封闭的梁，主要作用是提高房屋建筑的刚度和整体性，防止出现因基础的不均匀沉降、震动荷载等引起的墙体开裂，提高房屋的抗震性能。

圈梁一般设置在屋面板处、楼板处或者基础内，当门窗洞口顶部与屋面板、楼板靠近时，圈梁可设置在门窗洞口顶部，同时起到过梁的作用。圈梁的数量与房屋层数、高度、地基土状况及地震烈度（建筑物受到地震影响的强弱程度）等因素有关。

钢筋混凝土圈梁的宽度宜与墙厚相同，当墙厚 ≥ 240 mm 时，其宽度不宜小于墙厚的 2/3；圈梁的高度不应小于 120 mm。纵向钢筋不小于 410 mm，箍筋间距不应大于 300 mm。

圈梁应连续设在同一水平面上，并形成封闭状。当圈梁被门窗洞口截断时，应在洞口上部设置一道截面不小于圈梁的附加圈梁，其与墙体的搭接长度 L 应满足 $L \geqslant 2H$ 且 $L \geqslant 1$ m。其中，H 为附加圈梁与圈梁的高差。附加圈梁构造如图 2-30 所示。

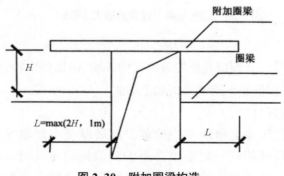

图 2-30　附加圈梁构造

（3）构造柱

在抗震设防地区，为了增加建筑物的整体刚度和稳定性，在使用块材墙承重的墙体中，还需设置钢筋混凝土构造柱（以下简称"构造柱"），使之与各层圈梁连接，形成空间骨架，加强墙体抗弯、抗剪能力，使墙体由脆性变为延性较好的结构，做到裂而不倒。构造柱是防止房屋倒塌的一种有效措施。构造柱下端应锚固于钢筋混凝土基础或基础梁内。柱截面应不小于 $180\ mm \times 240\ mm$。主筋一般采用 4 根 $\phi12\ mm$ 钢筋，钢箍间距不大于 $250\ mm$，墙与柱之间应沿墙高每 $500\ mm$ 配置 2 根 $\phi6\ mm$ 钢筋连接，每边伸入墙内不少于 $1\ mm$，如图 2-31 所示。其中，"$4\phi12$"和"$2\phi16$"分别表示 4 根 $\phi12\ mm$ 的钢筋和 2 根 $\phi16\ mm$ 的钢筋，而"$\phi6\ @250$"和"$\phi6\ @500$"分别表示每 $250\ mm$ 配置一根 $\phi6\ mm$ 的钢筋和每 $500\ mm$ 配置一根 $\phi6\ mm$ 钢筋。施工时必须先砌墙，随着墙体的上升而逐段现浇钢筋混凝土柱身。

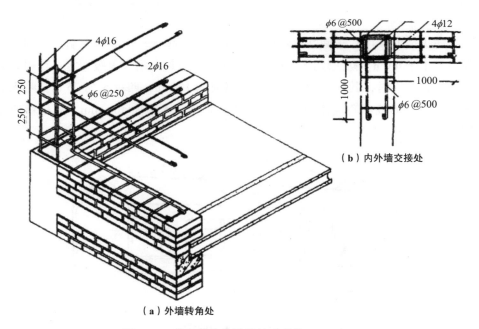

（a）外墙转角处

图 2-31　砖砌体中的构造柱（单位：mm）

根据房屋的层数和抗震设防烈度不同，构造柱的设置要求如表 2-5。

表 2-5　多层砖砌体房屋构造柱设置要求

房屋层数				设置部位		
6 度	7 度	8 度	9 度			
四、五	三、四	二、三		楼、电梯间四角，楼梯斜梯段上下端对应的墙体处；外墙四角和对应转角；错层部位横墙与外纵墙交接处；大房间内外墙交接处；较大洞口两侧	隔 12m 或单元横墙与外纵墙交接处；楼梯间对应的另一侧内横墙与外纵墙交接处	
六	五	四	二		隔开间横墙（轴线）与外墙交接处；山墙与内纵墙交接处	
七	≥六	≥五	≥三		内墙（轴线）与外墙交接处；内墙的局部较小墙垛处；内纵墙与横墙（轴线）交接处	

5. 防火墙

防火墙的作用在于截断火灾区域，防止火灾蔓延。作为防火墙，其耐火极限应不小于 4.0 h。防火墙的最大间距应根据建筑物的耐火等级而定：当耐火等级为一、二级时，其间距为 150 m；三级时为 100 m；四级时为 75 m。防火墙应截断燃烧体或难燃烧体的屋顶，并高出非燃烧体屋顶 400 mm，高出难燃烧体屋面 500 mm（图 2-32）。

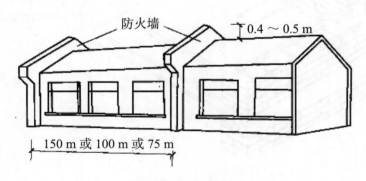

防火墙
0.4～0.5 m
150 m 或 100 m 或 75 m

图 2-32　防火墙的设置

三、砌块墙的构造

（一）砌块的类型

砌块墙是采用尺寸比实心黏土砖大的预制块材（砌块）砌筑而成的墙体。

砌块与普通黏土砖相比，能充分利用工业废料的地方材料，且具有生产投资少、见效快、不占耕地、节约环境等优点。采用砌块墙是我国目前墙体改革的主要途径之一。

砌块按材料不同可分为普通混凝土砌块、加气混凝土砌块（由水泥、石灰、砂、矿渣加铝粉等发泡剂，经过原料处理、配料浇注、切割、蒸压养护工序制成）、各种工业废料制成的砌块（如蒸养粉煤灰砌块、炉渣混凝土砌块）等。

砌块按尺寸分为小型、中型和大型砌块三种类型。小型砌块重量一般不超过20 kg，主块尺寸（长 × 厚 × 高）多为 390 mm×190 mm× 190 mm，辅助砌块尺寸（长 × 厚 × 高）多为 190 mm×190 mm×190 mm、9 mm×190 mm×190 mm，适合人工搬运和砌筑。中型砌块重量为 20 ～ 350 kg，有空心砌块和实心砌块之分。常见的空心砌块尺寸（长 × 厚 × 高）为 630 mm×180 mm×845 mm、1280 mm×180 mm×845 mm、2130 mm×180 mm×845 mm；实心砌块的尺寸（长 × 厚 × 高）为 280 mm×240 mm×380 mm、430 mm×240 mm×380 mm、580 mm×240 mm×380 mm、880 mm×240 mm×380 mm，需要用轻便机具搬运和砌筑。大型砌块的重量一般在 350kg 以上，需要用大型设备搬运和施工。

（二）砌块墙的组砌方式

砌块墙的组砌与砖墙组砌有相同之处，也有一些不同的地方。

①砌块不像砖那样在同种规格的基础上任意砍断，而是为配合组砌具有多种规格，因此砌筑时必须在多种规格间进行砌块的排列设计，如图 2-33 所示。

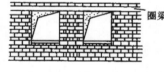 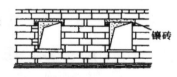 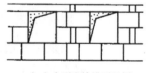

（a）小型砌块排列示例　　（b）中型砌块排列示例　　（c）大型砌块排列示例

图 2-33　砌块排列示意图

②当采用混凝土空心砌块时，上下砌块应孔对孔、肋对肋，使上下砌块间有足够的接触面以扩大受压面积砌块的排列组合。

③砌块建筑可采用平缝、凹缝或高低缝，如图 2-34 所示。平缝多用于水平缝；凹缝多用于垂直缝，当出现通缝或错缝距离不足 150 mm 时，应在水平缝通缝处加钢筋网，使之拉结成整体。为减少砌块规格，在砌块中允许用少量的普通砖来镶砌填缝。

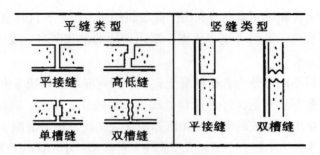

图 2-34　砌块缝型和通缝处理

（三）砌块墙砌筑的要求

砌块墙砌筑同样要求排列整齐，不留通缝。必须将砌块彼此交错搭接砌筑，以保证墙体和房屋有一定的整体性，并要求灰浆饱满，防水性好，外观平整美观。由于砌块尺寸比较大，仅靠砂浆黏结不能保证砌体的整体性，因此必须采取加固措施。

四、隔墙的构造

隔墙是分隔室内空间的非承重构件。在现代建筑中，为了提高平面布局的灵活性，大量采用隔墙以适应建筑功能的变化。由于隔墙不承受任何外来荷载，且本身的重量还要由楼板或小梁来承受，因此要求隔墙自重轻、厚度薄、便于拆卸、有一定的隔声能力。卫生间、厨房隔墙还应具有防水、防潮、防火等性能。隔墙的类型很多，按其构造方式可分为块材隔墙、轻骨架隔墙和板材隔墙三大类。

（一）块材隔墙

块材隔墙是用普通砖、空心砖、加气混凝土等块材砌筑而成的，块材隔墙的厚度一般不超过 120 mm。普通砖隔墙和砌块砖隔墙是两种常见的块材隔墙构造。目前框架结构中大量采用的框架填充墙，也是一种非承重块材墙，既可作为外围护墙，也可作为内隔墙使用。

1. 普通砖隔墙

普通砖隔墙（图 2-35）一般采用 1/2 砖（120 mm）隔墙。1/2 砖墙用普通黏土砖采用全顺式砌筑而成，砌筑砂浆强度等级不低于 M5，砌筑较大面积墙体时，长度超过 6 m 应设砖壁柱，高度超过 5 m 时应在门过梁处设通长钢筋混凝土带。

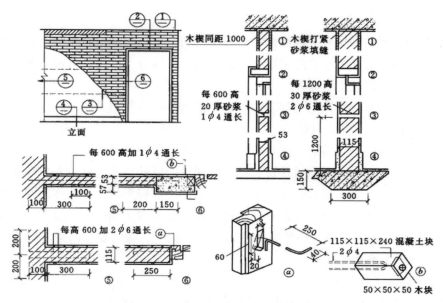

图 2-35　普通砖隔墙构造图（单位：mm）

为了保证砖隔墙不承重，在砖墙砌到楼板底或梁底时，将立砖斜砌一皮（一层或一行），或将空隙塞木楔打紧，然后用砂浆填缝。

2. 砌块砖隔墙

为减轻隔墙自重，可采用轻质砌块（图 2-36），墙厚一般为90～120 mm。加固措施同 1/2 砖隔墙之做法。砌块不够整块时宜用普通黏土砖填补。因砌块孔隙率大、吸水量大，故在砌筑时先在墙下部实砌 3～5 皮实心黏土砖再砌砌块。

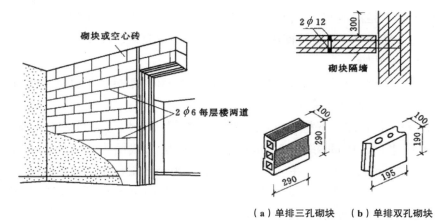

图 2-36　砌块隔墙构造图（单位：mm）

3. 框架填充墙

框架体系的围护和分隔墙体均为非承重墙，填充墙是用砖或轻质混凝土块材砌筑在结构框架梁柱之间的墙体，既可用于外墙，也可用于内墙，施工顺序为框架完工后砌填充墙体。

填充墙的自重传递给框架支承。框架承重体系按传力系统的构成，可分为梁、板、柱体系和板、柱体系。梁、板、柱体系中，柱子成序列有规则地排列，由纵横两个方向的梁将它们连接成整体并支承上部板的荷载。板、柱体系又称为无梁楼盖，板的荷载直接传递给柱。框架填充墙的自重传递给支撑在梁上或楼板上的框架，为了减轻自重，通常采用空心砖或轻质砌块，墙体的厚度视块材尺寸而定，用于有较高隔声和热工性能要求的外围护墙时不宜过薄，一般在200 mm 左右。轻质块材通常吸水性较强，有防水、防潮要求时应在墙下先砌3～5 皮吸水率小的砖。

填充墙与框架之间应有良好的连接，以利将其自重传递给框架支承，其加固稳定措施与半砖隔墙类似，竖向每隔500 mm 左右需从两侧框架柱中甩出1000 mm 长的钢筋伸入砌体锚固，水平方向每隔2～3 m 需设置构造立柱，门框的固定方式与半砖隔墙相同，但超过3.3 m 以上的较大洞口需在洞口两侧加设钢筋混凝土构造立柱。

（二）轻骨架隔墙

轻骨架隔墙由骨架和面层两部分组成，由于先立骨架（墙筋），再做面层，故又称为立筋式隔墙。

1. 骨架

骨架体系是沿地面、天棚设置的龙骨及边框龙骨，龙骨作为受力骨架固定在建筑主体结构上。骨架按使用的材料不同有木骨架和金属骨架之分。

（1）木骨架

木骨架隔墙具有重量轻、厚度小、施工方便和便于拆装等优点，但防水、防潮、隔声较差，且耗费木材。

木骨架由上槛、下槛、立柱、斜撑或横撑等木构件组成。上下槛和边立柱组成边框，中间每隔400 mm 或600 mm 架一截面为50 mm × 50 mm 或50 mm × 100 mm 的立柱。在高度方向每隔1500 mm 左右设一斜撑或横撑以增加骨架的刚度。骨架用钉固定在两侧砖墙预埋的防腐木砖上。隔墙需设门窗时，应将门窗框固定在两侧截面加大的立柱上或采用直顶上槛的长脚门窗框。

（2）金属骨架

金属骨架一般采用薄型钢板、铝合金薄板或拉伸钢板网加工而成，并保证板与板的接缝在墙筋和横档上，如图 2-37 所示。

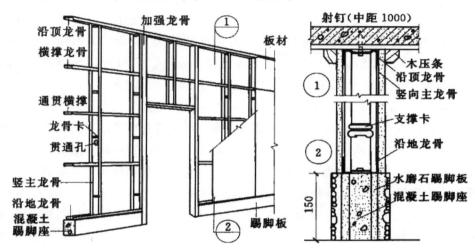

图 2-37　金属骨架隔墙示意图（单位：mm）

轻钢骨架是建筑结构中一种比较常见的金属骨架形式。轻钢骨架是由各种形式的薄壁型钢制成的，其主要优点是强度高、刚度大、自重轻、整体性好、易于加工和大批量生产，还可根据需要拆卸和组装。常用的薄壁型钢有0.8 ～ 1 mm 厚槽钢和工字钢。图 2-38 为一种薄壁型钢骨架结构。其安装过程是先用螺钉将上槛、下槛（也称导向骨架）固定在楼板上，上下槛固定后安装钢龙骨（墙筋），间距为 400 ～ 600 mm，龙骨上留有走线孔。

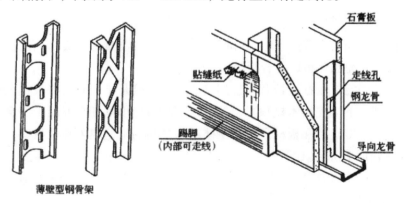

图 2-38　薄壁型钢骨架结构

2. 面层

轻骨架隔墙的面层一般为人造板材面层，常用的板材有木质板、石膏板、硅酸钙板、水泥平板等。

木质板又分为胶合板和纤维板，多用于木骨架。胶合板是用阔叶树或松木经旋切、胶合等多种工序制成的，常用的规格是 1830mm×915mm×4mm（三合板）和 2135 mm×915 mm×7 mm（五合板）。纤维板是用碎木加工而成的，常用的规格是 1830 mm×1220 mm×3 mm（或 4.5 mm）和 2135 mm×915 mm×4 mm（或 5 mm）。

石膏板又分为纸面石膏板和纤维石膏板。纸面石膏板是以建筑石膏为主要原料，加其他辅料构成芯材，外表面粘贴有护面纸的建筑板材。纸面石膏板不应用于大于 45℃的持续高温环境中。纤维石膏板是以熟石膏为主要原料，以纸纤维或木纤维为增强材料制成的板材，它具备防火、防潮、抗冲击等优点。

硅酸钙板全称为纤维增强硅酸钙板，它是以钙质材料、硅质材料和纤维材料为主要原料，经制浆、成坯与蒸压养护等工序制成的板材。硅酸钙板具有轻质、高强、防火、防潮、防蛀、防霉、可加工性好等优点。

水泥平板包括纤维增强水泥加压平板（高密度板）、非石棉纤维增强水泥中密度与低密度板（埃特板）。水泥平板由水泥、纤维材料和其他辅料制成，具有较好的防火及隔声性能。含石棉的水泥加压板材收缩系数较大，对饰面层限制较大，不宜粘贴瓷砖，且不应用于食品加工、医药等建筑内隔墙。埃特板适用于抗冲击强度不高、防火性能高的内隔墙。其防潮及耐高温性能亦优于石膏板。

（三）板材隔墙

目前板材隔墙多采用条板，如碳化石灰板、加气混凝土条板、多孔石膏条板、纸蜂窝板、水泥刨花板、复合板等。

板材的固定有刚性连接和柔性连接。刚性连接是指用砂浆将板材顶端与主体结构黏结，下端先用木楔顶紧，然后在下端板缝填入细石混凝土固定的连接方式。柔性连接是指在板材顶端与主体结构之间的板缝填入弹性材料，在板材顶端拼缝处设 U 形或 L 形钢板卡与主体结构连接的方式。刚性连接适用于非抗震设防区，柔性连接适用于有抗震设防要求的地区。图 2-39 为刚性连接板材隔墙示意图。

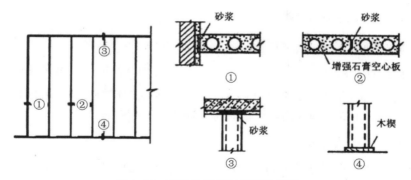

图 2-39　刚性连接板材隔墙示意图

五、墙面装饰构造

（一）墙面装饰的作用

1. 保护墙体，提高墙体的坚固耐久性

墙体材料中存在着微小孔隙，加上施工时会留下许多缝隙，这使得墙体的吸水性增大。在雨水的长期作用下，墙体强度会有所降低，同时，潮湿还会加速墙体表面的风化作用，影响墙体的耐久性。为此，对墙体要进行装修处理，防止墙体直接受到风、霜、雨、雪的侵袭，从而提高墙体对水、火、酸、碱、氧化、风化等不利因素的抵抗能力，起到保护墙身，增强墙体的坚固性、耐久性，延长墙体的使用年限的作用。

2. 堵塞孔隙，改善墙体的使用功能

墙体中的孔隙不仅影响墙身的耐久性，而且会增加墙体的透气性，这对墙体的热工和隔声性能都是很不利的。同时，粗糙的墙面难以保持清洁，也会降低墙面的反光能力，不利于室内采光。因此，对墙面进行装修处理，增加墙身厚度，利用装修材料堵塞孔隙，可以大大提高墙体的保温、隔热和隔声的能力；而且平整、光滑、色浅的内墙装修，还可以增强光的反射，提高室内的照度，改善室内的卫生条件。此外，利用不同材料的室内装修，还可以产生对声音的吸收或反射作用以改善室内的音质效果。

3. 美化环境，提高建筑的艺术效果

在建筑物的外观设计中，除考虑到形体比例、墙面划分、虚实对比等体型的处理外，用墙面装修来增加建筑物立面的艺术效果，也是一种重要的手段。这些往往要通过材料质感、色彩和线形等来表现，以达到建筑美观的目的。

（二）墙面装饰的分类

1. 按所处部位不同

墙面装饰按所处部位不同，有室外装修和室内装修两类。室外装修要求采用强度高、抗冻性强、耐水性好以及具有抗腐蚀性的材料。室内装修材料则因室内使用功能不同，要求有一定的强度、耐水性及耐火性。

2. 按施工方式不同

墙面装饰按施工方式不同，有勾缝、抹灰类、贴面类、涂料类、裱糊类等。

（三）墙面装饰的细部构造

1. 勾缝

清水砖墙饰面是指不做抹灰和饰面的墙面。为防止雨水浸入墙身和整齐美观，可用 1 ：2 水泥细砂浆勾缝，勾缝的形式有平缝、平凹缝、斜缝、弧形缝等。为进一步提高装饰性，可在勾缝砂浆中掺入颜料。

2. 抹灰类

抹灰分为一般抹灰和装饰抹灰两类。

（1）一般抹灰

一般抹灰是指在墙面涂抹水泥砂浆、石灰砂浆或水泥石灰砂浆等。外墙抹灰一般为 20 ～ 25 mm，内墙抹灰为 15 ～ 20 mm，顶棚为 12 ～ 15 mm。在构造上和施工时应分层操作，一般分为底层、中层和面层，各层的作用和要求不同。

①底层抹灰主要起到与基层墙体黏结和初步找平的作用。

②中层抹灰在于进一步找平以减少打底砂浆层干缩后可能出现的裂纹。

③面层抹灰主要起装饰作用，因此要求面层表面平整、无裂痕、颜色均匀。

抹灰按质量及工序要求分为三种标准，常用抹灰构造见表 2-6。

表 2-6　常用抹灰构造

标准	层次				适用范围
	底层 / 层	中层 / 层	面层 / 层	总厚度 /mm	
普通抹灰	1	—	1	≤ 18	简易宿舍、仓库等
中级抹灰	1	1	1	≤ 20	住宅、办公楼、学校、旅馆等
高级抹灰	1	若干	1	≤ 25	公共建筑、纪念性建筑如剧院、展览馆等

（2）装饰抹灰

装饰抹灰是指在墙面涂抹水刷石、斩假石（剁斧石）、干粘石或假面砖等。装饰抹灰一般是指采用水泥、石灰砂浆等抹灰的基本材料，除对墙面做一般抹灰之外，利用不同的施工操作方法将其直接做成饰面层。

3. 贴面类

贴面类装饰是指在内外墙面上粘贴各种天然石板、人造石板、陶瓷面砖等。

（1）面砖饰面构造

面砖应先放入水中浸泡，安装前取出晾干或擦干净，安装时先抹 15 mm1 ∶ 3 水泥砂浆找底并划毛，再用 1 ∶ 0.3 ∶ 3 水泥石灰混合砂浆或用掺有 107 胶（水泥用量 5% ～ 7%）的 1 ∶ 2.5 水泥砂浆满刮 10 mm 厚于面砖背面紧粘于墙上。对贴于外墙的面砖常在面砖之间留出一定缝隙。

（2）陶瓷锦砖饰面构造

陶瓷锦砖也称为马赛克，有陶瓷锦砖和玻璃锦砖之分。它的尺寸较小，根据其花色品种，可拼成各种花纹图案。铺贴时先按设计的图案将小块材正面向下贴在 500 mm × 100 mm 大小的牛皮纸上，然后牛皮纸面向外将马赛克贴于饰面基层上，待半凝后将纸洗掉。

（3）天然石材和人造石材饰面构造

石材按其厚度分有两种，通常厚度为 30 ～ 40 mm 的石材称为板材，厚度为 40 ～ 130 mm 的石材称为块材。常见的天然板材有花岗石、大理石和青石板等，具有强度高、耐久性好的特点，多作高级装饰用。常见的人造石板有预制水磨石板、人造大理石板等。

①石材拴挂法（湿法挂贴）。天然石材和人造石材的安装方法相同，先在墙内或柱内预埋 ϕ6 mm 铁箍，间距依石材规格而定，而铁箍内立 ϕ6 mm ～ ϕ10 mm 竖筋，在竖筋上绑扎横筋，形成钢筋网。在石板上下边钻小孔，用双股 16 号钢丝绑扎固定在钢筋网上。上下两块石板用不锈钢卡销固定。板与墙面之间预留 20 ～ 30 mm 缝隙，上部用定位活动木楔做临时固定，校正无误后，在板与墙之间浇筑 1 ∶ 3 水泥砂浆，待砂浆初凝后，取掉定位活动木楔，继续上层石板的安装。

②干挂石材法（连接件挂接法）。干挂石材法就是用一组高强耐腐蚀的金属连接件，将饰面石材与结构可靠地连接，其间形成空气间层不做灌浆处理。

4. 涂料类

涂料类墙面装饰是将各种涂料敷于基层表面而形成牢固的膜层，从而起到保护墙面和装饰墙面的作用。

涂料是指涂敷于物体表面后，能与基层有很好黏结，从而形成完整而牢固的保护膜的面层物质。这种物质对被涂物体有保护、装饰作用。例如，油漆便是一种最常见的涂料。

涂料按其主要成膜物的不同，可以分为有机涂料和无机涂料两大类。

①无机涂料。常用的无机涂料有石灰浆、大白浆、可赛银浆、无机高分子涂料等。

②有机涂料。有机合成涂料依其主要成膜物质和稀释剂的不同，可分为溶剂型涂料、水溶性涂料和乳液型涂料三种。

5. 裱糊类

裱糊类墙面装饰是将各种装饰性墙纸、墙布等卷材裱糊在墙面上的一种饰面做法。墙纸有塑料面墙纸（PVC 聚氯乙烯墙纸）、纺织物面墙纸、金属面墙纸、天然木纹面墙纸等。墙布是指直接用作墙面装饰材料的各种纤维织物的总称，包括玻璃纤维装饰墙布、织锦墙布等。

墙纸与墙布的粘贴主要在抹灰的基层上进行，亦可在其他基层上粘贴，抹灰以混合砂浆面层为好。它要求基底平整、致密，对不平的基层需用腻子刮平。粘贴墙纸、墙布，一般采用墙纸，墙布胶结剂，胶结剂包括多种胶料、粉料。在具体施工时需根据墙纸、墙布的特点分别予以选用。同时，在粘贴时，对要求对花的墙纸或墙布在裁剪尺寸上，其长度需比墙高放出 100 ～ 150 mm，以适应对花粘贴的要求。

6. 板材类

板材类墙面由骨架和面板组成，骨架有木骨架和金属骨架，面板有硬木板、胶合板纤维板、石膏板等各种装饰面板和近年来应用日益广泛的金属面板。常见的构造方法如下。

（1）木质板墙面装饰构造

木质板墙面装饰采用各种硬木板、胶合板、纤维板以及各种装饰面板等作为墙面装饰材料。它有美观大方、装饰效果好且安装方便等优点，唯防潮、防火性能欠佳。

木质墙面装修构造与木筋骨架隔墙构造相似，是在墙身外沿立木墙筋，并根据面板材料及规格设置横筋。墙筋或横筋断面为 50 mm × 50 mm，墙筋间距为 450 ～ 500 mm，面层铺钉面板，外罩油漆或防火涂料。为防止木质饰面受潮，常在墙身立筋前，先于墙面抹一层 10 mm 厚灰浆，并涂刷热沥青两道，或不做抹灰，直接在砖墙面上涂刷热沥青亦可。

（2）金属板墙面装饰构造

金属板墙面装饰采用薄钢板、不锈钢板、铝板或铝合金板作为墙面装修材料。金属板墙面装饰构造，一般也是先立墙筋，然后外钉面板。墙筋多用金属墙筋，其间距一般为 600～900 mm。金属板与墙筋用自攻螺钉或膨胀铆钉固定，也可用电钻打孔后靠木螺丝固定。

7. 幕墙

幕墙悬挂在建筑物周围结构上，形成外围护墙的立面。按照幕墙所用板材的不同，有玻璃幕墙、金属幕墙和石材幕墙之分。按幕墙所起作用不同，有装饰性幕墙和围护性幕墙之分。装饰性幕墙是设置在建筑物墙体外起装饰作用的幕墙；围护性幕墙是起围护作用的建筑物墙体。

下面以玻璃幕墙为例讲解其构造。玻璃幕墙按其构造方式不同，可以分为有框玻璃幕墙和无框玻璃幕墙两种。

有框玻璃幕墙又有显框和隐框两种。显框玻璃幕墙，其金属框暴露在室外，形成外观上可见的金属格，如图 2-40 所示。隐框玻璃幕墙的金属框隐蔽在玻璃的背面，室外看不见金属框。隐框玻璃幕墙又可分为全隐框玻璃幕墙和半隐框玻璃幕墙两种，半隐框玻璃幕墙可以是横明竖隐，也可以是竖明横隐。

图 2-40 显框玻璃幕墙

无框玻璃幕墙则不设边框，有用玻璃做肋的全玻幕墙，以及点式连接安装（DPG）的无框玻璃幕墙。

第3节 楼板层与地坪层构造

一、楼板层的构造组成及设计要求

楼板层是建筑物中水平分隔空间的结构构件，它能承受楼板层上的全部活荷载和恒荷载，并将这些荷载传递给墙或柱子，对墙体也能起到水平支撑的作用，可增强建筑物的整体刚度。此外，建筑物中的各种水平管线，也可敷设在楼板层内。

（一）楼板层的构造组成

为了满足各种使用功能的要求，楼板层一般由若干层组成。通常楼板层主要由面层、结构层和顶棚层组成。有特殊要求的楼板，还需设置附加层。

1. 面层

楼板层的面层位于楼板层的最上层，起着保护楼板层、分布荷载和绝缘的作用，同时对室内起美化装饰作用。

2. 结构层

楼板层的结构层又称楼板，位于面层之下，由梁、板或拱组成。结构层的主要功能在于承受楼板层上的全部荷载并将这些荷载传给墙或柱；同时还对墙身起水平支撑作用，以加强建筑物的整体刚度。

3. 顶棚层

楼板层的顶棚层位于楼板层最下层，主要作用是保护楼板、安装灯具、遮挡各种水平管线、改善使用功能、装饰美化室内空间。

4. 附加层

附加层又称功能层，根据楼板层的具体要求而设置，主要作用是隔声、隔热、保温、防水、防潮、防腐蚀、防静电等。根据需要，附加层有时和面层合二为一，有时又和吊顶合为一体。

（二）楼板层的设计要求

①具有足够的强度和刚度。强度要求是指楼板层应保证在自重和活荷载作用下安全可靠，不发生任何破坏。这主要通过结构设计来满足要求。刚度要求是指楼板层在一定荷载作用下不发生过大变形，以保证正常使用状况。结构规范规定楼板的允许挠度不大于跨度的1/250，可用板的最小厚度（一般为跨度

的 1/40 ～ 1/35）来保证其刚度。

②具有一定的隔声能力。不同使用性质的房间对隔声的要求不同，如我国对住宅楼板的隔声标准中规定：一级隔声标准为 65dB、二级隔声标准为 75dB。对一些特殊性质的房间如广播室、录音室、演播室等的隔声要求则更高。楼板主要是隔绝固体传声，如人的脚步声、拖动家具、敲击楼板等都属于固体传声。防止固体传声可采取以下措施：

　　a. 在楼板表面铺设地毯、橡胶、塑料毡等柔性材料；

　　b. 在楼板与面层之间加弹性垫层以降低楼板的振动，即"浮筑式楼板"；

　　c. 在楼板下加设吊顶，使固体噪声不直接传入下层空间。

③具有一定的防火能力。应保证在火灾发生时，在一定时间内不至于因楼板塌陷而给生命和财产带来损失。

④具有防潮、防水能力。对有水的房间，都应该进行防潮防水处理。

⑤满足各种管线的设置。

⑥满足建筑经济的要求。

（三）楼板层的类型

楼板层按其结构层所用材料不同，可分为木楼板、砖拱楼板、钢筋混凝土楼板及压型钢板组合楼板等多种形式。

木楼板虽具有自重轻、构造简单、吸热系数小等优点，但其隔声、耐久和耐火性能较差，耗木材量大，除林区外，现已极少采用。

砖拱楼板虽可以节约钢材、木材、水泥，但由于其自重大、承载力及抗震性能较差，且施工较复杂，目前一般也不采用。

钢筋混凝土楼板因其强度高、刚度好，具有良好的耐久、防火和可塑性，目前已被广泛采用。按其施工方式不同，钢筋混凝土楼板可分成现浇式、装配式和装配整体式三种类型。

压型钢板组合楼板是在钢筋混凝土基础上发展起来的。压型钢板组合楼板利用钢衬板作为楼板的受弯构件和底模，既提高了楼板的强度和刚度，又加快了施工进度，是目前正大力推广的一种新型楼板。

二、楼板面层构造

楼板面层简称楼面，由于楼面与地面面层的构造基本相同，所以人们常把楼面也称为地面。

（一）对楼面的要求

楼面是人们在日常生活、工作、生产、学习时，必须接触的部分，也是建筑中直接承受荷载、经常受到摩擦、清扫和冲洗的部分，因此，对它应有以下要求：

①具有足够的坚固性。要求楼面在外力作用下不易被磨损、破坏，且表面平整、光洁，易清洁和不起灰。

②面层的保温性能要好。要求楼面材料的导热系数要小，以便冬季接触时不致感到寒冷。

③面层应具有一定弹性，使人在上面行走时不至于有过硬的感觉，同时有弹性的楼面对减少噪声也是有利的。

④有特殊用途的楼面则应满足：对有水作用的房间，地面能抗潮湿、不透水；对有火源的房间，地面可防火、耐燃；对有酸、碱腐蚀的房间，则要求楼面具有防腐蚀的能力。

总之，在设计楼面时应根据房间使用功能的要求，选择有针对性的材料，提出适宜的构造措施。

（二）楼面构造

楼板层与地坪层的面层做法基本相同，其构造按使用的材料和施工方式不同，可以分为整体面层、块料面层和其他材料面层。

1. 整体面层

整体面层是指用现场浇筑的方法做成整片的面层，按面层材料不同可分为水泥砂浆、现浇水磨石、细石混凝土、菱苦土面层。

（1）水泥砂浆面层

水泥砂浆面层是用水泥作为胶凝材料，中砂或粗砂作为骨料挤压而成的，常采用 1：2 或者 1：2.5 的水泥砂浆。水泥砂浆面层施工方便、造价低，但地面热传导性高、容易返潮、易起灰、无弹性且装饰效果差。

（2）现浇水磨石面层

现浇水磨石面层是用水泥作为胶凝材料，大理石或者白云石等中等硬度石材的石屑做骨料，加水拌和、浇抹硬结后，经磨光打蜡而成的面层。这种地面坚硬、耐磨、不易染尘、富有光泽，常用于人流量较大的公共空间楼地面面层。现浇水磨石面层一般会用玻璃条或者铜条分格，从而减少水磨石面层开裂，人们通常将玻璃条或者铜条称为嵌条或者分格条。带嵌条现浇水磨石面层的常见做法：首先，在结构层上做 15 ～ 20 mm 厚 1 ∶ 3 水泥砂浆找平；其次，将嵌条用 1 ∶ 1 水泥砂浆嵌固，嵌条分格的尺寸和形状由设计确定；再次，用 1 ∶ 1.5 或 1 ∶ 2 的水泥石渣抹面；从次，待水泥凝结硬化到一定程度后，用磨光机打磨；最后，用草酸清洗，打蜡保护。现浇水磨石面层如图 2-41 所示。

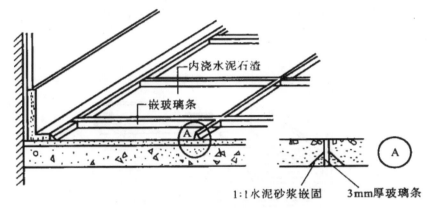

图 2-41　现浇水磨石面层施工示意图

（3）细石混凝土面层

细石混凝土面层是在结构层上浇 30 ～ 40 mm 厚不低于 C20 的细石混凝土，在其初凝时用铁板滚压或用木板拍浆，然后撒水泥粉，最后用铁板抹光、压实。

（4）菱苦土面层

菱苦土面层是用菱苦土、锯末、滑石粉和矿物颜料干拌均匀后，加入氯化镁溶液调制成胶泥，铺抹压光，硬化稳定后，用磨光机抹光，打蜡而成的。菱苦土面层易于清洁，有一定弹性，热工性能好，但不耐水，也不耐高温。因此，菱苦土面层不宜用于经常有水及温度经常处在 35℃ 以上的房间。

2. 块料面层

块料面层是把材料加工成块（板）状，然后借助胶结材料贴或铺砌在结构层上形成的面层，常见的块料面层有木地板面层、陶瓷板块面层、石材面层等。

（1）木地板面层

木地面具有弹性好、不起尘、易清洁、导热系数小、装饰效果好等特点。但由于木材资源紧缺的缘故，木地面的造价较高，常用于高级宾馆、住宅、剧院舞台等标准较高的地面。

木地面按构造方式分为空铺式和实铺式两种。

空铺式做法耗木料多，又不防火，所以除特殊情况，一般已不使用。以下主要介绍实铺式木地面做法。

　　实铺式木地面有铺钉式和粘贴式两种做法。铺钉式木地面做法是首先将木搁栅直接固定在混凝土垫层或钢筋混凝土楼板上，然后在木搁栅上铺钉木板材。木搁栅的断面尺寸一般为 50 mm×50 mm 等，间距为 400～500 mm。木地面可以采用单层和双层做法，如图 2-42 所示。粘贴式木地面做法是将木板材用沥青胶、环氧树脂涂层等黏结材料直接粘贴在楼地面的找平层上，如图 2-43 所示。

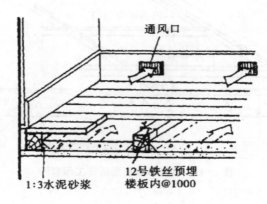

（a）单层做法

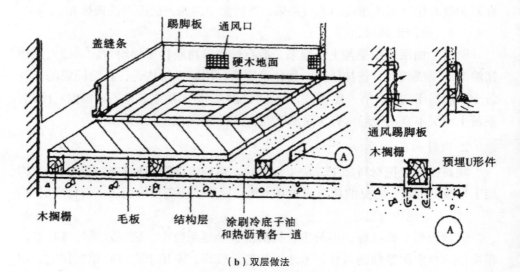

（b）双层做法

图 2-42　铺钉式木地面做法

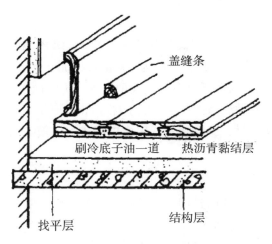

图 2-43　粘贴式木地面做法

（2）陶瓷板块面层

用于楼地面面层的陶瓷板块有缸砖、陶瓷锦砖等。缸砖系陶土烧制而成，颜色为红棕色，有方形、六角形、八角形等形状，可拼成多种图案。砖背面有凹槽，便于与基层结合。方形尺寸一般为 100 mm × 100 mm、150 mm × 150 mm，厚 10 ～ 15 mm。

缸砖质地坚硬、耐磨、防水、耐腐蚀、易于清洁，适用于卫生间、实验室及时常遭受腐蚀的地面。铺贴方式为在结构层找平的基础上，用 5 ～ 8 mm 厚 1 ∶ 1 水泥砂浆粘贴。砖块间有 3 mm 左右的灰缝，如图 2-44 所示。

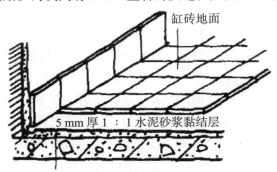

图 2-44　缸砖地面铺贴方法

陶瓷锦砖又称马赛克，是用优质瓷土烧制而成的小块瓷砖，有挂釉和不挂釉两种。陶瓷锦砖质地坚硬、经久耐用、色泽多样，具有耐磨、防水、耐腐蚀、易清洁等特点，适用于卫生间、厨房、化验室及精密工作间地面。陶瓷锦砖地面铺贴方法与缸砖地面相同。

（3）石材面层

石材面层包括天然石材和人造石材等，属于高级楼地面面层材料。天然石材有大理石、花岗石等，其规格一般为 300 mm × 300 mm ～ 600 mm × 600 mm，厚度为 25 ～ 30 mm。人造石材有人造大理石等，价格低于天然石材。

石材面层的一般做法为：在结构层上抹 30 mm 厚 1 : 3 水泥砂浆，再撒素水泥面，然后铺贴石材，缝隙挤紧，用橡皮锤或木槌敲实，最后用白水泥浆等擦缝。

3. 其他材料面层

①卷材地面。卷材地面是用卷材铺贴而成的地面。常见的地面卷材有塑料地毡、橡胶地毡以及各种地毯等。

橡胶地毡是以橡胶乳液或橡胶粉为基料，掺入配合剂，加工制成的卷材，具有耐磨、耐火、抗腐蚀、弹性好、不起尘、保温、隔声等特点，适用于展览大厅、剧院、实验室等建筑地面。

塑料地毡是用人造合成树脂加适量填充剂和颜料，底面衬以麻布，经热压制成的，特点是耐磨、绝缘性好、吸水性小、耐化学腐蚀，且颜色丰富、步感舒适、价格低廉。塑料地毡是经济实惠的地面铺材。橡胶地面和塑料地面铺贴方法一样，可以干铺，也可以采用黏结剂粘贴。铺贴时，基层要特别平整、光洁、干燥，不能有灰尘和砂粒等突出物。黏结剂应选用黏结强度大又无侵蚀性的材料。为增加黏结剂与基层的附着力，可在基层上先刷上一道冷底子油。

地毯类型较多，常见的有化纤地毯、棉织地毯和纯毛地毯等。地毯可以满铺，也可以局部铺设；可以固定，也可以不固定。地毯具有柔软舒适、平整丰满、美观适用、温暖、无噪声等特点，但价格较高，是高档的地面装饰材料。

②涂料地面。涂料地面是水泥砂浆或混凝土地面的表面处理形式。它对解决水泥地面易起灰和欠美观的问题起了重要作用。常见的涂料有水乳型、水溶型和溶剂型三种类型。水乳型地面涂料有氯 - 偏共聚乳液涂料、聚醋酸乙烯厚质涂料及 SJ82-1 地面涂料等；水溶型地面涂料有聚乙烯醇缩甲醛胶水泥地面涂料、109 彩色水泥涂料以及 804 彩色水泥地面涂料等；溶剂型地面涂料有聚乙烯醇缩丁醛涂料、H80 环氧涂料、环氧树脂厚质地面涂料以及聚氨醇厚质地面涂料等。

三、钢筋混凝土楼板构造

钢筋混凝土楼板由于具有强度高、刚度好、耐久性和防火性好等优点，目前在我国建筑中被广泛采用。钢筋混凝土楼板根据施工方式不同，主要包括现浇钢筋混凝土楼板和预制装配式钢筋混凝土楼板两种。

（一）现浇钢筋混凝土楼板

现浇钢筋混凝土楼板是在现场支模板，绑扎钢筋，浇筑混凝土并养护，当混凝土强度达到规定的拆模强度后拆除模板所形成的楼板。现浇钢筋混凝土楼板分为平板、有梁板和无梁板三类。

1. 平板

平板又称为板式楼板，是指直接支撑在墙上的环绕楼板，整块板厚度相同，如图 2-45 所示。

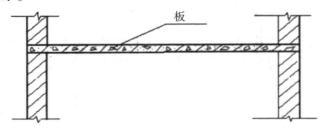

图 2-45　平板示意图

根据《混凝土结构设计规范》（GB 50010—2010）的相关规定，平板可以分为单向板和双向板。当板的长边与短边之比大于等于 3 时，板上的荷载基本沿板的短边传递，称为单向板；当板的长边与短边之比小于等于 2 时，板上的荷载沿短边和长边双向传递，称为双向板；当板的长边与短边之比大于 2 小于 3 时，宜按双向板设计。

2. 有梁板

根据梁的布置情况，有梁板可以分为单梁式楼板、双梁式楼板和井梁式楼板。

在一个房间中只沿板短向设梁，梁直接搁置在墙上，这种有梁板称为单梁式楼板（图 2-46）。荷载传递过程：板—梁—墙（柱）。

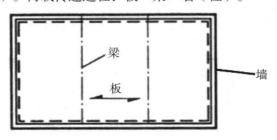

图 2-46　单梁式楼板示意图

在一个房间中沿房间两个方向设梁，一般沿房间短向设置主梁，沿长向设置次梁，这种由主梁、次梁、楼板组成的有梁板称为双梁式楼板（图2-47）。荷载传递过程：板—次梁—主梁—墙（柱）。

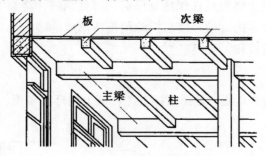

图 2-47　双梁式楼板示意图

当房间平面形状接近正方形时，常在板下沿两个方向设置等间距、等截面尺寸的井字形梁，这种楼板称为井梁式楼板（图2-48）。井梁式楼板是一种特殊的双梁式楼板，两个方向的梁无主次之分，从而具有整齐美观等优点，常用于门厅、会议厅等位置。

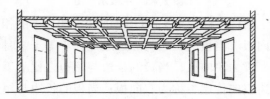

图 2-48　井梁式楼板示意图

3. 无梁板

无梁板是指不设梁且板直接用柱子支撑的楼板。这种楼板比较适合于荷载较大、管线较多的商店和仓库等。当楼面荷载比较小时，可采用无柱帽楼板；当楼面荷载较大时，必须在柱顶加设柱帽。无梁板下方的柱网一般布置为方形，方形柱网较为经济，跨度一般不超过 6 m，板厚通常不小于 120 mm。无梁板示意图如图 2-49 所示。

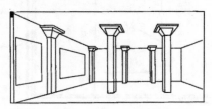

图 2-49　无梁板示意图

（二）预制装配式钢筋混凝土楼板

1. 预制装配式钢筋混凝土楼板的分类

预制装配式钢筋混凝土楼板主要包括槽形板、实心平板和空心板三种类型。

（1）槽形板

槽形板（图 2-50）是一种肋板结合的预制构件，即在实心板的两侧设有边肋，作用在板上的荷载都由边肋来承担，板宽为 500 ～ 1200 mm，非预应力槽形板跨长通常为 3 ～ 6 m。板肋高为 120 ～ 240 mm，板厚仅 30 mm。槽形板减轻了板的自重，具有省材料、便于板上开洞等优点，但隔声效果差。

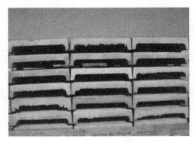

图 2-50　槽形板示例

（2）实心平板

实心平板（图 2-51）跨度一般较小，不超过 2 m，如果做成预应力构件，跨度可达 2.7 m；板厚一般为板跨的 1/30；宽度为 500 ～ 600 mm。由于跨度较小，所以实心平板主要用于厨房、卫生间等小开间的地方。实心平板的隔声效果也不好。

图 2-51　实心平板示例

（3）空心板

空心板（图 2-52）也是一种梁板结合的预制构件，其结构计算理论与槽形板相似，两者的材料消耗也相近，但空心板上下板面平整，且隔声效果优于槽形板，因此是目前广泛采用的一种形式。

图 2-52　空心板示例

2. 预制装配式钢筋混凝土楼板的细部构造

（1）板缝处理

预制板板缝起着连接相邻两块板协同工作的作用，使楼板成为一个整体。在具体布置楼板时，往往出现缝隙：①当缝隙小于 60 mm 时，可调节板缝（使其不大于 30 mm，灌 C20 细石混凝土）；②当缝隙为 60 ～ 120 mm 时，可在灌缝的混凝土中加配 2 根 ϕ6 mm 通长钢筋；③当缝隙为 120 ～ 200 mm 时，设现浇钢筋混凝土板带，且将板带设在墙边或有穿管的部位；④当缝隙大于 200 mm 时，需要重新选择板的规格。

（2）板的搁置

当板搁置在墙或梁上时，必须保证楼板放置平稳，使板和墙、梁有很好的连接。首先要有足够的搁置长度，一般在砖墙上的搁置长度不小于 80 mm，在梁上的搁置长度不小于 60 mm。地震地区板端伸入外墙、内墙和梁的长度分别不小于 120 mm、100 mm 和 80 mm。其次必须在梁或墙上铺以水泥砂浆来找平，俗称坐浆。坐浆厚度为 20 mm 左右。另外，楼板与墙体、楼板与楼板之间常用锚固钢筋（又称拉结筋）予以锚固。

四、顶棚构造

顶棚是楼板层的最下面部分，又称天棚或天花板。对顶棚的基本要求是光洁、美观，能反射光线，改善室内照度，提高室内装饰效果；对于某些有特殊要求的房间，还要求顶棚具有隔声、隔热、保温等方面的功能。

顶棚的形式一般多为水平式，但根据房间用途及顶棚的不同功能，可做成弧形、折线、高低错落形等各种形状。按照构造方式不同，顶棚有直接式顶棚和悬吊式顶棚两种。

（一）直接式顶棚

直接式顶棚是指在钢筋混凝土屋面板或楼板下表面直接喷浆、抹灰或粘贴装修材料而成的顶棚。当板底平整时，可直接喷、刷大白浆或 106 涂料；当楼板结构层为钢筋混凝土预制板时，可用 1 ∶ 3 水泥砂浆填缝刮平，再喷刷涂料。这类顶棚构造简单，施工方便，具体做法和构造与内墙面的抹灰类、涂刷类、裱糊类基本相同，常用于装饰要求不高的一般建筑。

（二）吊挂式天棚

吊挂式天棚简称吊顶，是将装饰材料悬挂于结构层下一定距离而形成的天棚。吊顶一般由吊杆、龙骨和面层组成。

1. 吊顶的组成部分

（1）吊杆

吊杆是连接楼板等结构层和天棚龙骨的杆件。吊杆一般为 $\phi6\,mm \sim \phi8\,mm$ 的钢筋。它与钢筋混凝土楼板等结构层的固定方式有预埋式和钉入式，预埋式一般适用于上人天棚，钉入式适用于不上人天棚。吊杆与楼板的固定方式如图 2-53 所示。

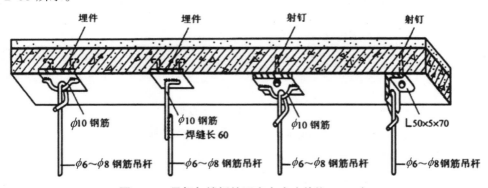

图 2-53 吊杆与楼板的固定方式（单位：mm）

（2）龙骨

龙骨是用来固定层面并承受其重量的部分。龙骨由主龙骨（又称主搁栅）和次龙骨（又称次搁栅）两部分组成。主龙骨与吊杆相连，次龙骨固定在主龙骨上。龙骨的作用是承受顶棚重量，并由吊杆传给楼板结构层。它的材料可以选用金属或木质材料。

由于木龙骨使用大量木材而且防火及耐久性较差，因此近年来吊顶或墙体龙骨已很少使用木龙骨，而多采用金属龙骨，如薄壁型轻钢龙骨和重量较轻的铝合金龙骨等。

（3）面层

面层一般固定在次龙骨上，作用是装饰室内空间，同时起一些特殊作用，如吸声、反射等。面层可由现场抹灰而成，也可用板材拼装而成。抹灰面层为湿作业施工，费工费时。从发展趋势看，板材面层既可加快施工速度，又容易保证施工质量，是比较有前景的面层形式。

2. 吊顶的细部构造

①吊顶的边部节点构造。轻钢龙骨纸面石膏板吊顶与墙、柱立面结合部位，一般处理方法归纳为三类：一是平接式；二是留槽式；三是间隙式。吊顶的边部节点构造如图 2-54 所示。

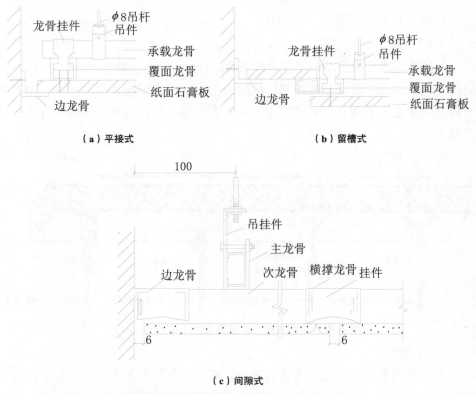

（a）平接式　　　　　　　　　　（b）留槽式

（c）间隙式

图 2-54　吊顶的边部节点构造（单位：mm）

②吊顶与隔墙的连接。轻钢龙骨纸面石膏板吊顶与轻质隔墙相连接时，隔墙的横龙骨（沿顶龙骨）与吊顶的承载龙骨用 M6 螺栓紧固；吊顶的覆面龙骨依靠龙骨挂件与承载龙骨连接；覆面龙骨的纵横连接则依靠龙骨支托。在吊顶与隔墙面层的纸面石膏板相交的阴角处，固定金属护角。

③烟感器和喷淋头安装。施工中应注意水管预留必须到位，既不可伸出吊顶面，也不能留短；烟感器及喷淋头旁 800 mm 范围内不得设置任何遮挡物。

五、地坪层与地面构造

（一）地坪层的构造

地坪层是建筑物底层与土壤相接的构件，和楼板层一样，它承受着底层地面上的荷载，并将荷载均匀地传给地基。

按地坪层与土层间的关系不同，地坪层可分为实铺地层和空铺地层两类。

1. 实铺地层

实铺地层是地坪的基本组成部分，它一般包括基层、垫层和面层，对有特殊要求的地坪，常在面层和垫层之间增设一些附加层，地坪层构造如图 2-55 所示。

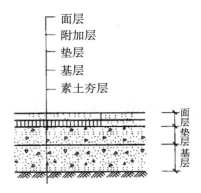

图 2-55　地坪层构造

（1）基层

基层即地基，一般为原土夯实或素土夯实。素土即不含杂质的砂质黏土，经夯实后，才能承受垫层传下来的地面荷载。通常是填 300m 厚的土夯实成 20 mm 厚，使之能均匀承受荷载。

（2）垫层

垫层是承受并传递荷载给地基的结构层，垫层有刚性垫层和非刚性垫层之分。刚性垫层常用低强度等级混凝土，一般采用 C15 混凝土，其厚度为 80 ～ 100 mm；非刚性垫层，常用 50 mm 厚砂垫层、80 ～ 100 m 厚碎石灌浆、50 ～ 70 mm 厚石灰炉渣、70 ～ 120 mm 厚三合土（石灰、炉渣、碎石）。

刚性垫层用于地面要求较高及薄而性脆的面层，如水磨石地面、瓷砖地面和大理石地面等。

非刚性垫层常用于厚而不易断裂的面层，如混凝土地面、水泥制品块地面等。

（3）面层

地坪面层与楼盖面层一样，是人们日常生活、工作、生产直接接触的地方。不同房间对面层有不同的要求，面层应坚固耐磨、表面平整、光洁、易清洁、不起尘。对于居住和人们长时间停留的房间，要求有较好的蓄热性和弹性；浴室、厕所则要求耐潮湿、不透水；厨房、锅炉房要求地面防水、耐火；实验室则要求耐酸碱、耐腐蚀。

2. 空铺地层

为防止房屋底层房间受潮或满足某些特殊使用要求（如舞台、体育训练、比赛场等的地层需要有较好的弹性），常将地层架空形成空铺地层，如图2-56所示。

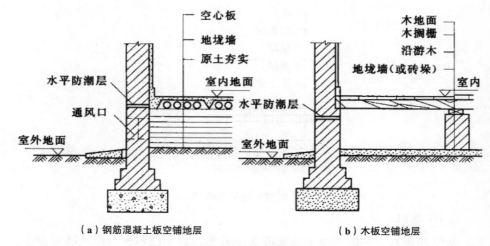

（a）钢筋混凝土板空铺地层　　　　　　（b）木板空铺地层

图2-56　空铺地层构造

（二）地面构造

地坪的面层又称地面，是地坪层最上的部分，也是人们经常接触的部分，它同时也对室内起装饰作用。对地面的设计要求以及地面的类型，与楼面相同，此处不再赘述。

六、阳台与雨棚构造

（一）阳台构造

阳台是多层及高层建筑中供人们室外活动的平台。阳台由阳台板和阳台栏板（或栏杆扶手）组成。阳台板是承重结构，阳台栏板（或栏杆扶手）是安全围护构件。阳台按其与外墙的相对位置可以分为凸阳台、凹阳台、半凸半凹阳台，如图 2-57 所示。

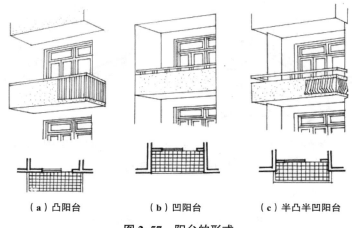

（a）凸阳台　　　　（b）凹阳台　　　　（c）半凸半凹阳台

图 2-57　阳台的形式

1. 阳台的结构类型

根据阳台板的承重构件不同，其结构类型有墙承式、挑梁式和挑板式等。

①墙承式。墙承式是将阳台板直接搁置在墙上，多用于凹阳台。

②挑梁式。挑梁式是从墙上伸出挑梁，阳台板直接搁置在挑梁上。悬挑长度一般为 1.0～1.5 m，挑梁压入墙内的长度一般为悬挑长度的 1.5 倍左右。挑梁式阳台如图 2-58 所示。

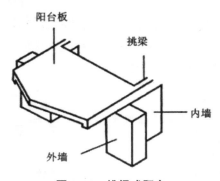

图 2-58　挑梁式阳台

③挑板式。挑板式是将阳台板悬挑，一般有两种做法：一种是将楼板直接向墙外悬挑形成阳台板；另一种是将阳台板和圈梁等现浇在一起，利用梁上部墙体的荷载来保证其稳定性。这种阳台底部平整，但梁受力复杂，阳台板悬挑长度一般不宜超过 1.2 m。挑板式阳台如图 2-59 所示。

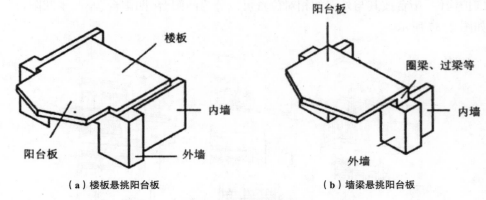

（a）楼板悬挑阳台板　　　　　　　（b）墙梁悬挑阳台板

图 2-59　挑板式阳台

2. 阳台围护构件

阳台围护构件包括栏板和栏杆扶手，其高度不宜低于 1.05 m。

栏板按材料不同分为混凝土栏板、砖砌栏板和玻璃栏板等。

栏杆扶手按材料不同分为金属栏杆扶手、木栏杆扶手和混凝土栏杆扶手。金属栏杆一般采用圆钢、方刚、扁钢或钢管等，通常在阳台板顶面预埋通长扁钢与金属栏杆焊接，也可采用预留孔洞插接等方法。

3. 阳台排水

阳台排水有外排水和内排水两种。外排水适用于低层和多层建筑，即在阳台外侧设置泄水管将水排出。内排水适用于高层建筑和高标准建筑，即在阳台内侧设置排水立管和地漏，阳台地面四周向地漏方向做成 5‰ 左右的坡度，然后通过地漏将水排入排水立管。阳台面层一般比该楼层主要面层（如室内地面）低 50 mm 左右。阳台排水构造如图 2-60 所示。

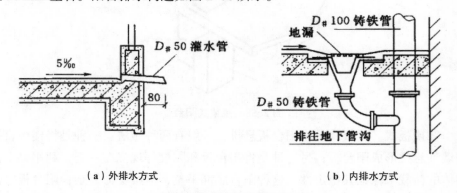

（a）外排水方式　　　　　　　　（b）内排水方式

图 2-60　阳台排水构造

（二）雨篷构造

雨篷是在房屋的入口处，为了保护外门免受雨淋而设置的水平构件，一般为钢筋混凝土悬挑式结构，大型雨篷下常加柱，形成门廊。

钢筋混凝土悬挑式雨篷按结构形式分为板式雨篷和梁板式雨篷。板式雨篷一般与门洞口上的梁整体浇筑，悬挑长度一般为 0.9 ～ 1.5 m。尺寸较大时采用梁板式雨篷，雨篷底面平整，梁一般在板的上面做成翻梁。尺寸更大时还可在雨篷下加柱。钢筋混凝土板式和梁板式雨篷如图 2-61 所示。

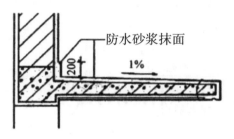

（a）钢筋混凝土板式雨篷

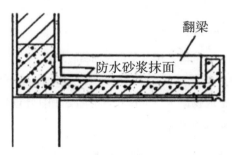

（b）钢筋混凝土梁板式雨篷

图 2-61　钢筋混凝土板式和梁板式雨篷（单位：mm）

雨篷顶面还应采用防水砂浆抹面，厚度一般为 200 mm，并应延伸至四周上翻形成高度不小于 250 mm 的泛水。

第 4 节　基础与地下室构造

一、基础和地基概述

（一）基础和地基的定义

在建筑工程中，建筑物与土层直接接触的部分称为基础，支承建筑物重量的土层叫地基。基础是建筑物的组成部分，它承受着建筑物的全部荷载，并将其传给地基。而地基则不是建筑物的组成部分它只是承受建筑物荷载的土壤层。其中，具有一定的地耐力、直接支承基础、持有一定承载能力的土层称为持力层。持力层以下的土层称为下卧层。地基土层在荷载作用下产生的变形，随着土层深度的增加而减少，到一定深度则可忽略不计（图 2-62）。

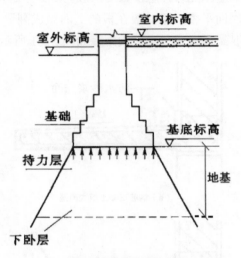

图 2-62　基础与地基的关系

基础是建筑物的主要承重构件，处在建筑物地面以下属于隐蔽工程。基础质量的好坏，关系着建筑物的安全问题。建筑设计中合理地选择基础极为重要。

（二）地基分类及处理措施

地基可分为天然地基和人工地基两大类。

天然地基是指天然土层具有足够的承载力，不需人工改善或加固便可直接承受建筑物荷载的地基。岩石、碎石、砂石、黏土等，一般均可作为天然地基。如果天然土层承载力较弱，缺乏足够的稳定性，不能满足承受上部建筑荷载的要求时，就必须对其进行人工加固，以提高其承载力和稳定性，加固后的地基叫人工地基。人工地基较天然地基费工费料，造价较高，只有在天然土层承载力差、建筑总荷载大的情况下方可采用。

人工地基的处理措施通常有压实法、换土法和打桩法三大类。

压实法是通过重锤夯实或压路机碾压挤出软弱土层中土颗粒间的空气，使土中孔隙压缩，提高土的密实度，从而增加地基土承载力的方法。这种方法经济实用，适用于土层承载力与设计要求相差不大的情况。

换土法是将基础底面下一定范围内的软弱土层部分或全部挖去，换以低压缩性材料，如灰土、矿石渣、粗砂、中砂等，再分层夯实，作为基础垫层的方法。

打桩法是在软弱土层中置入桩身，把土壤挤密或把桩打入地下坚硬的土层中来提高土层承载力的方法。

除以上三种主要方法外，人工地基还有许多其他的处理方法，如化学加固法、电硅化法、排水法、加筋法和热学加固法等。

（三）基础的埋置深度

基础的埋置深度是指室外地坪与基础垫层底面之间的垂直距离，简称基础的埋深，如图 2-63 所示。

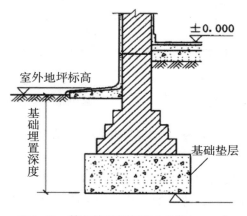

图 2-63 基础的埋置深度（单位：mm）

基础的埋深不能低于 0.5 m。当基础的埋深小于 5 m 时，称为浅基础；当基础的埋深大于等于 5 m 时，称为深基础。基础的埋深越浅，基槽开挖的土方工程量就越小，材料用量也越少，费用也就越低，但基础受外界影响而损坏的可能性就越大。

影响基础埋深的因素主要有地质构造、地下水、冰冻深度、周围已有建筑物的基础埋深、建筑物本身的用途等。

（四）基础的类型与构造

1. 按材料及受力特点分类

（1）刚性基础

由刚性材料制作的基础称为刚性基础。刚性材料一般指抗压强度高，而抗拉、抗剪强度较低的材料。常用的刚性材料有砖、灰土、混凝土、三合土、毛石等。

为满足地基容许承载力的要求，基底宽 B 一般大于上部墙宽 B_0，为了保证基础不被拉力、剪力而破坏，基础必须具有相应的高度。通常按刚性材料的受力状况，基础在传力时只能在材料的允许范围内控制，这个控制范围的夹角称为刚性角，用 α 表示。砖、石基础的刚性角控制在 $1 : 1.25 \sim 1 : 1.50$（$26° \sim 33°$）范围内，混凝土基础刚性角控制在 $1 : 1$（$45°$）范围内（图 2-64）。

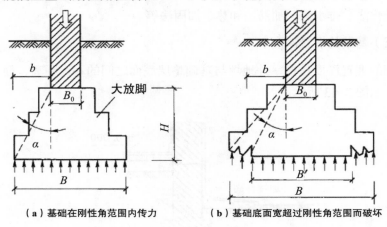

（a）基础在刚性角范围内传力　　　（b）基础底面宽超过刚性角范围而破坏

图 2-64　刚性基础的受力、传力特点

（2）非刚性基础

当建筑物的荷载较大而地基承载能力较小时，基础底面 B 必须加宽，如果仍采用混凝土材料做基础，势必加大基础的深度，这样很不经济。如果在混凝土基础的底部配以钢筋，利用钢筋来承受拉应力，使基础底部能够承受较大的弯矩，这时，基础宽度不受刚性角的限制，故称钢筋混凝土基础为非刚性基础或柔性基础。

2. 按构造形式分类

基础按构造形式分，有独立基础、带形基础、井格基础、筏形基础、箱形基础和桩基础。

（1）独立基础

当建筑物为框架结构时，上部荷载通过柱传给基础，则基础常采用独立基础。所谓独立基础是指基础与基础之间不相连接，独立设置，在柱子下部放大做成杯形、阶梯形或锥形，形成柱下各自独立的基础。各种独立基础如图 2-65 所示。

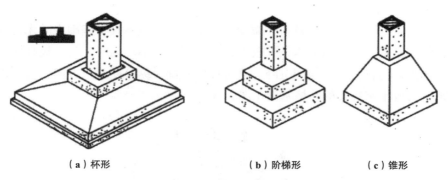

（a）杯形　　　　　（b）阶梯形　　　　（c）锥形

图 2-65　独立基础

（2）带形基础

当建筑物上部结构采用墙承重时，基础沿墙身设置，多做成长条形，这类基础称为条形基础或带形基础，是墙承式建筑基础的基本形式，如图 2-66 所示。

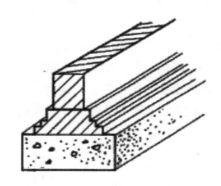

图 2-66　带形基础

带形基础常用砖、石、混凝土等材料建造。当地基承载能力较小、荷载较大时，承重墙下也可采用钢筋混凝土带形基础（图 2-67）。

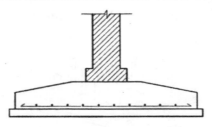

图 2-67　钢筋混凝土带形基础

（3）井格基础

独立基础可节约基础材料，减少土方工程量，但基础与基础之间无构件连接，整体刚度较差，当地基条件较差，或上部荷载不均匀时，为了提高建筑物的整体性，防止柱间不均匀沉降，常将柱下基础沿纵、横两个方向扩展并连接起来，做成十字交叉的井格基础（图2-68）。

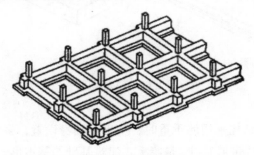

图2-68　井格基础

（4）筏形基础

当建筑物上部荷载较大，而所在地的地基承载力又较弱时，采用简单的条形基础或井格基础已不能适应地基变形的需要，这时常将墙或柱下基础连成一片，使整个建筑物的荷载承受在一块整板上，这种满堂式的板式基础称为筏形基础。筏形基础分为平板式筏形基础（图2-69）和梁板式筏形基础（图2-70）两种。

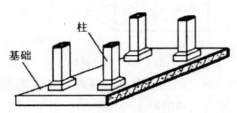

图2-69　平板式筏形基础

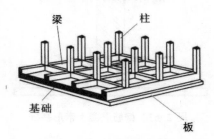

图2-70　梁板式筏形基础

（5）箱形基础

当板式基础做得很深时，常将基础改做成箱形基础。箱形基础是由钢筋混凝土底板、顶板和若干纵、横隔墙组成的整体现浇钢筋混凝土结构。基础的中空部分可用作地下室（单层或多层的）或地下停车库。箱形基础整体空间刚度大，整体性强，能抵抗地基的不均匀沉降，较适用于高层建筑或在软弱地基上建造的重型建筑物，如图 2-71 所示。

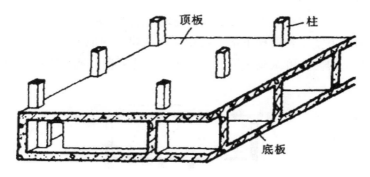

图 2-71　箱形基础

（6）桩基础

当建筑物荷载较大、地基的弱土层较厚（大于 4 m）、采用换土法改变地基的地耐力不经济时，常采用桩基础。桩基础由桩和承台两部分组成（图 2-72）。桩基础是一种承载能力高、适用范围广、历史久远的基础形式。随着生产水平的提高和科学技术的发展，桩基的类型、工艺、设计理论、计算方法和应用范围都有了很大的发展，被广泛应用于高层建筑、港口、桥梁等工程中。桩基础根据荷载传递的方式不同，可分为支承桩和摩擦桩。

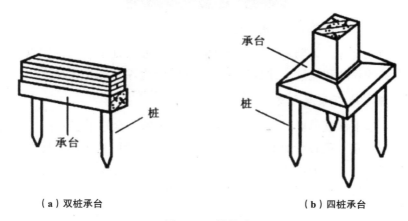

（a）双桩承台　　　　　　　　　　（b）四桩承台

图 2-72　桩基础

二、地下室构造

建筑物下部的地下使用空间称为地下室。地下室一般由墙身、底板、顶板、门窗、楼梯等部分组成。

（一）地下室的类型

1. 按使用性质分类

按使用性质分类，地下室可分为普通地下室与人防地下室两种。

①普通地下室。普通地下室一般用作高层建筑的地下停车库、设备用房，根据用途及结构需要可做成一层、二层或多层地下室。地下室示意图如图2-73所示。

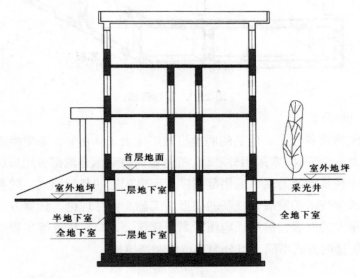

图 2-73　地下室示意图

②人防地下室。人防地下室结合人防要求设置的地下空间，用以应付战时情况下人员的隐蔽和疏散，并具备保障人身安全的各项技术措施。

2. 按埋入地下深度分类

按埋入地下深度分类，地下室可分为半地下室与全地下室两种。

①半地下室。顶板标高超出室外地坪标高，或地面低于室外地坪的高度为该房间净高的 1/3 ～ 1/2 的地下室，称为半地下室。这类地下室有相当一部分空间是在地面以上的，易于解决采光、通风的问题，可作为办公室、客房等普通地下室使用。

②顶板标高低于室外地坪标高，或地面低于室外地坪的高度超过该房间净高的 1/2 的地下室，称为全地下室。全地下室由于埋入地下较深，通风采光较困难，一般作为储藏仓库、设备间等建筑辅助用房使用；也可利用其受外界噪声、振动干扰小的特点，作为手术室和精密仪表车间使用；还可利用其受气温变化较小、冬暖夏凉的特点，作为蔬菜水果仓库使用；还可利用其墙体由厚土覆盖、受水平冲击和辐射作用小的特点，作为人防地下室使用。

（二）地下室的防潮与防水构造

1. 地下室防潮构造

当地下水的常年水位和最高水位均在地下室地坪标高以下时，应在地下室外墙外面设垂直防潮层。其做法是在墙体外表面先抹一层 20 mm 厚的 1 ∶ 2.5 水泥砂浆找平，再涂一道冷底子油和两道热沥青；然后在外侧回填低渗透性土壤，如黏土、灰土等，并逐层夯实，土层宽度为 500 mm 左右，以防地面雨水或其他地表水的影响。另外，地下室的所有墙体都应设两道水平防潮层，一道设在地下室地坪附近，另一道设在室外地坪以上 150 ～ 200 m 处，使整个地下室防潮层连成整体，以防地潮沿地下墙身或勒脚处进入地下室。

2. 地下室防水构造

当设计最高水位高于地下室地坪时，地下室的外墙和底板都浸泡在水中，应做防水处理。常采用的防水措施有以下三种。

（1）沥青卷材防水

1）外防水

外防水是将防水层贴在地下室外墙的外表面，这对防水有利，但维修困难。外防水构造要点：先在墙外侧抹 20 mm 厚的 1 ∶ 3 水泥砂浆找平层，并刷冷底子油一道，然后选定油毡层数，分层粘贴防水卷材，防水层应高出地下最高水位 500 ～ 1000 mm 为宜。油毡防水层以上的地下室侧墙应抹水泥砂浆涂两道热沥青，直至室外散水处。垂直防水层外侧砌半砖厚的保护墙一道。

2）内防水

内防水是将防水层贴在地下室外墙的内表面，这样施工方便，容易维修，但对防水不利，故常用于修缮工程。

地下室地坪的防水构造是先浇混凝土垫层，厚约 100 mm；再将选定的油毡铺设在地坪垫层上做防水层，并在防水层上抹 20 ～ 30 mm 厚的水泥砂浆保护层，以便在上面浇筑钢筋混凝土。为了保证水平防水层包向垂直墙面，地坪防水层必须留出足够的长度以便与垂直防水层搭接，同时要做好转折处油毡的保护工作，以免因转折交接处的油毡断裂而影响地下室的防水。

（2）防水混凝土防水

当地下室地坪和墙体均为钢筋混凝土结构时，应采用抗渗性能好的防水混凝土材料，常采用的防水混凝土有普通混凝土和外加剂混凝土。普通混凝土主要是采用不同粒径的骨料进行级配，并提高混凝土中水泥砂浆的含量，使砂浆充满于骨料之间，从而堵塞因骨料间不密实而出现的渗水通路，以达到防水的目的。外加剂混凝土是在混凝土中渗入加气剂或密实剂，以提高混凝土的抗渗性能。

（3）弹性材料防水

随着新型高分子合成防水材料的不断涌现，地下室的防水构造也在更新，如我国目前使用的三元乙丙橡胶卷材，能充分适应防水基层的伸缩及开裂变形，拉伸强度高，拉断延伸率大，能承受一定的冲击荷载，是耐久性极好的弹性卷材。

第 5 节　门与窗构造

一、门窗的作用

门在房屋建筑中的作用主要是交通联系，并兼采光和通风；窗的作用主要是采光、通风及眺望。在不同情况下，门和窗还有分隔、保温、隔声、防火、防辐射、防风沙等要求。门窗在建筑立面构图中的影响也较大，它的尺度、比例、形状、组合、透光材料的类型等，都影响着建筑的艺术效果。

二、门窗的构造设计要求

①应满足使用功能和坚固耐用的要求，如采光通风和抵抗风雨侵蚀的要求。

②尺寸规格应统一，应符合《建筑模数协调标准》（GB/T 50002—2013）的要求，做到经济、美观。

③使用上应开启灵活，关闭紧密。

④维护上应满足便于擦洗和维修方便的要求。

三、门的分类与构造

（一）门的分类

1. 按使用的材料分类

门按使用的材料可分为木门、金属门、玻璃门等。木门包括镶板木门、企口木板门、实木装饰门、胶合板门、夹板装饰门、木质防火门等。金属门包括彩板门、塑钢门、铝合金门、金属防盗门、钢质防火门、金属卷闸门、金属格栅门、金属防火卷帘门等。

2. 按开启方式分类

门按开启方式可分为平开门、弹簧门、推拉门、折叠门、转门、卷帘门等。

（1）平开门

平开门是水平开启的门，它的铰链装于门扇的一侧与门框相连，使门扇围绕铰链轴转动。其门扇有单扇、双扇，向内开和向外开之分。平开门构造简单，开启灵活，加工制作简便，易于维修，是建筑中最常见、使用最广泛的门。平开门如图 2-74 所示。

普通铰链

图 2-74　平开门

（2）弹簧门

弹簧门的开启方式与普通平开门相同，所不同之处是以弹簧铰链代替普通铰链，借助弹簧的力量使门扇能向内、向外开启并可经常保持关闭。它使用方便，美观大方，广泛用于商店、学校、医院、办公和商业大厦。为避免人流相撞，门扇或门扇上部应镶嵌安全玻璃。弹簧门如图 2-75 所示。

图 2-75　弹簧门

（3）推拉门

推拉门是通过上下轨道左右推拉滑行来开启和关闭门扇的。推拉门开启时不占空间。根据轨道的位置，推拉门可分为上挂式和下滑式。当门扇高度小于 4m 时，一般采用上挂式推拉门，即在门扇的上部装置滑轮，滑轮吊在门过梁的上导轨上，当门扇高度大于 4m 时，一般采用下滑式推拉门，即在门扇下部装滑轮，将滑轮置于地面的下导轨上。推拉门如图 2-76 所示。

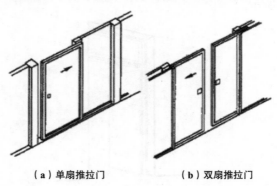

（a）单扇推拉门　　　（b）双扇推拉门

图 2-76　推拉门

（4）折叠门

折叠门可分为侧挂式折叠门和推拉式折叠门两种。侧挂式折叠门与普通平开门相似，只是门扇之间用铰链相连而成。当用铰链时，一般只能挂两扇门，不适用于宽度较大的洞口。若侧挂门扇超过两扇时，则需使用特制铰链。

推拉式折叠门与推拉门构造相似，在门顶或门底装滑轮及导向装置，每扇门间以铰链相连，开启时门扇通过滑轮沿着导向装置移动。折叠门如图 2-77 所示。

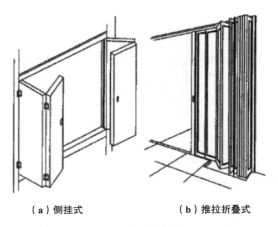

（a）侧挂式　　　　　　　（b）推拉折叠式

图 2-77　折叠门

（5）转门

转门是由两侧固定的弧形门套和垂直旋转的门扇构成的。门扇可分为三扇或四扇，绕竖轴旋转。转门不能用于公共建筑的疏散门，常用于酒店入口大门。转门如图 2-78 所示。

图 2-78　转门

（6）卷帘门

卷帘门是以多关节活动的门片串联在一起，在固定的滑道内，以门上方卷轴为中心转动上下的门。卷帘门同墙一样起水平分隔的作用，它由帘板、座板、导轨、支座、卷轴、箱体、控制箱、卷门机、限位器、门楣、手动速放开关装置、按钮开关和保险装置等多个部分组成，一般安装在不便采用墙分隔的部位。卷帘门由金属叶片或金属杆相互连接而成，在门洞的上方设置转轴，通过转轴的转动进行门的开启和关闭。卷帘门如图 2-79 所示。

图 2-79　卷帘门

（二）门的构造

门一般由门扇、门框、五金零件及附件组成，有的门还有亮子。

门扇是由边框、上冒头、中冒头和下冒头组成骨架，内装门芯板而构成的。门扇构造简单，加工制作方便，适于一般民用建筑的内门和外门。门扇嵌入门框中，门的名称一般以门扇的材料命名。

门框又称门樘，它是门与墙体的连接部分，由上框、边框、中横框、中竖框等组成。为便于门扇密闭，门框上要有裁口（或铲口）。根据门扇数与开启方式的不同，裁口的形式可分为单裁口与双裁口两种。单裁口用于单层门，双裁口用于双层门或弹簧门。裁口宽度要比门扇宽度大 1 ～ 2 mm，以利于安装和门扇开启。裁口深度一般为 8 ～ 10 mm。

五金零件包括铰链、插销、门锁、拉手等。

附件有贴脸板、筒子板等。

亮子又称腰窗，它位于门上方，起辅助采光及通风作用。

一般民用建筑门的高度不宜小于 2100 mm；单扇门的宽度为 700 ～ 1000 mm，双扇门宽度为 1200 ～ 1800 mm。门的构造如图 2-80 所示。

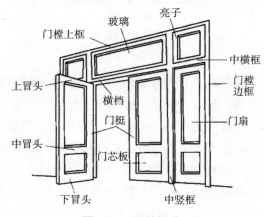

图 2-80　门的构造

（三）特殊门

1. 防火门

防火门用于加工易燃品的车间或仓库。根据车间对防火门耐火等级的要求，门扇可以采用钢板、木板外贴石棉板再包以镀锌铁皮或木板外直接包镀锌铁皮等构造措施。考虑到木材受高温会炭化而放出大量气体，应在门扇上设泄气孔。防火门常采用自重下滑关闭门，它是将门上导轨做成 5% ～ 8% 的坡度，火灾发生时，易熔合金片熔断后，重锤落地，门扇依靠自重下滑关闭。当洞口尺寸较大时，可做成两个门扇相对下滑。

2. 保温门、隔声门

保温门要求门扇具有一定热阻值和门缝密闭处理，故常在门扇两层面板间填以轻质疏松的材料（如玻璃棉、矿棉等）。隔声门的隔声效果与门扇的材料及门缝的密闭有关，隔声门常采用多层复合结构，即在两层面板之间填吸声材料，如玻璃棉、玻璃纤维板等。

一般保温门和隔声门的面板常采用整体板材（如五层胶合板、硬质木纤维板等），不易发生变形。门缝密闭处理对门的隔声、保温以及防尘有很大影响，通常采用的措施是在门缝内粘贴填缝材料，如橡胶管、海绵橡胶条、泡沫塑料条等。另外，还应注意裁口形式，斜面裁口比较容易关闭紧密，可避免由于门扇胀缩而引起的缝隙不密合。

四、窗的分类与构造

（一）窗的分类

1. 按使用的材料分类

窗按使用的材料可分为木窗、塑料窗、金属窗等。

（1）木窗

木窗是指以木材、木质复合材料为主要材料来制作框和扇的窗。木窗虽密封较好，但耐久性差，易变形，维护费用高，消耗木材资源大，因而常用于室内窗。目前，我国限制木质门窗的使用。

（2）塑料窗

塑料窗，即采用 U-PVC 塑料型材制作而成的窗。塑料窗具有抗风、防水、保温等良好特性。塑料窗按材质可分为 PVC 塑料窗和玻璃纤维增强塑料（玻璃钢）窗。由于塑料的变形大、刚度差，一般在型材内腔加入钢或铝等，以增加抗弯能力，即塑钢窗，其较之全塑窗刚度更好。

塑料窗按其型材断面分为若干系列，常用的有 60 系列、80 系列、88 系列推拉窗和 60 系列平开窗（表 2-7）。

表 2-7　塑料窗类型（按型材断面分）

型材系列名称	适用范围及选用要点
60 系列	主型材为三腔，可制作固定窗、普通内外平开窗、内开下悬窗、外开下悬窗、单窗。可安装纱窗。内开可用于高层，外开不适用于高层
80 系列	主型材为三腔，可安装纱窗。窗型不宜过大，适合用于 7～8 层住宅
88 系列	主型材为三腔，可安装纱窗。适用于 7～8 层以下建筑。只有单玻设计，适合南方地区

（3）金属窗

金属窗包括彩板窗、铝合金窗、塑钢窗等。

1）彩板窗

彩板窗是以彩色镀锌钢板，经机械加工而成的窗。它具有质量轻、硬度高、采光面积大、防尘、隔声、保温密封性好、造型美观、色彩绚丽、耐腐蚀等特点。

彩板窗目前有两种做法，即带副框和不带副框的做法。当外墙面为花岗石、大理石等贴面材料时，常采用带副框的做法。安装时，先用自攻螺钉将连接件固定在副框上，并用密封胶将洞口与副框及副框与窗樘之间的缝隙进行密封。当外墙装修为普通粉刷时，常用不带副框的做法，即直接用膨胀螺栓将门窗樘子固定在墙上。

2）铝合金窗

铝合金窗是表面处理过的铝材经下料、打孔、铣槽、攻丝等加工工艺制作成门窗框料的构件，然后与连接件、密封件、开闭五金件一起组合装配成的窗（图 2-81）。铝合金窗又可分为普通铝合金窗和断桥铝合金窗。铝合金窗因其具有美观、密封、强度高等特点，而被广泛应用于建筑工程领域。在家庭住宅装修中，常用铝合金窗封装阳台。

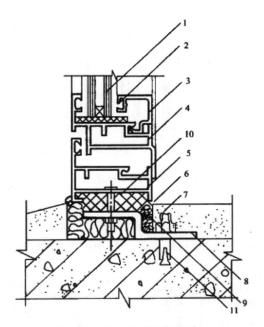

图 2-81　铝合金窗细部构造

1—玻璃；2—橡胶条；3—压条；4—内扇；5—外框；6—密封膏；7—砂浆；8—地脚；
9—软填料；10—塑料垫；11—膨胀螺栓

铝合金表面经过氧化光洁闪亮。窗扇框架大，可镶较大面积的玻璃，让室内光线充足明亮，增强了室内外立面虚实对比，让居室更富有层次。铝合金本身易于挤压，型材的横断面尺寸精确，加工精确度高，因此在装修中很多业主都选择采用铝合金窗。

3）塑钢窗

塑钢窗是继木、铁、铝合金窗之后，在 20 世纪 90 年代中期被我国积极推广的一种窗户形式。塑钢窗由于其价格较低、性能较好，现仍被广泛使用。塑钢型材是以聚氯乙烯（PVC）树脂为主要原料，加上一定比例的稳定剂、着色剂、填充剂、紫外线吸收剂等，经挤出所成的型材。它是现代建筑最常用的窗户类型之一。

2. 按开启方式分类

窗按开启方式可分为平开窗、推拉窗、固定窗、悬窗、立转窗、百叶窗等。

（1）平开窗

平开窗是水平开启的窗，它的铰链装于窗扇的一侧与窗框相连，窗扇分单扇和双扇两种形式，平开窗如图 2-82 所示。

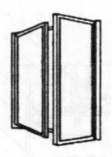

图 2-82　平开窗

（2）推拉窗

推拉窗是窗扇沿水平或竖向导轨、滑槽推拉进行开关的窗。推拉窗分为水平推拉窗和垂直推拉窗两种。目前水平推拉窗的使用最为广泛。推拉窗如图 2-83 所示。

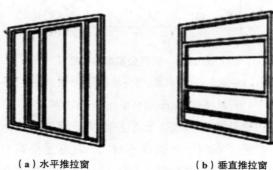

（a）水平推拉窗　　　　　　　　（b）垂直推拉窗

图 2-83　推拉窗

（3）固定窗

固定窗是将玻璃直接镶嵌在窗框上，不设活动窗扇的窗，固定窗主要用于采光。固定窗如图 2-84 所示。

图 2-84　固定窗

（4）悬窗

悬窗是指窗扇绕水平轴转动的窗。根据转轴的位置不同，悬窗可分为上悬窗、中悬窗和下悬窗。悬窗如图 2-85 所示。

（a）上悬窗　　　　　　（b）中悬窗　　　　　　（c）下悬窗

图 2-85　悬窗

（5）立转窗

立转窗是指窗扇绕垂直中轴转动的窗。这种窗通风效果好，但不严密，不宜用于寒冷地区。立转窗如图 2-86 所示。

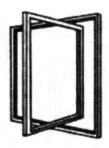

图 2-86　立转窗

（6）百叶窗

百叶窗窗扇一般用塑料、金属或木窗等制成小板材，有固定式和活动式两种。百叶窗主要用于遮阳、防雨等。百叶窗如图 2-87 所示。

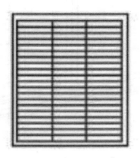

图 2-87　百叶窗

（二）窗的构造

窗一般由窗框、窗扇和五金零件组成。窗洞口的高度与宽度尺寸通常采用扩大模数 3M 数列作为洞口的标志尺寸，一般洞口高度为 600 ～ 3600 mm。通常用窗地面积比来确定房间的窗洞口面积，如教室、阅览室为 1/4 ～ 1/6，居室、办公室为 1/6 ～ 1/8，等等。

窗框是窗与墙体的连接部分，由上框、边框、中横框、中竖框等组成。窗的系列名称就是以窗框的厚度来定义的。例如，窗框厚度为 90 mm 宽，则称为 90 系列。

窗扇是窗的主体部分，分为活动扇和固定扇两种，一般由上冒头、下冒头、边梃（窗两侧竖立的边框）和窗芯（又叫窗棂）组成骨架，中间固定玻璃、窗纱或百叶。窗的名称一般以窗扇的材料命名，如塑钢窗、铝合金窗等。

五金零件包括铰链、插销等。

窗洞口周围可以添加贴脸板、窗台板、窗帘盒等附件。窗的构造如图 2-88 所示。

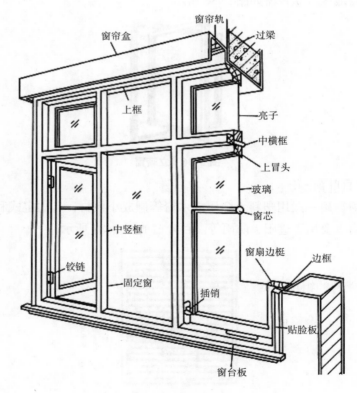

图 2-88　窗的构造

（三）特殊窗

1. 固定式通风高侧窗

在我国南方地区，人们结合当地气候特点创造出多种形式的通风高侧窗。它们的特点是能采光，能防雨，能常年进行通风，不需设开关器，构造较简单，管理和维修方便。固定式通风高侧窗多在工业建筑中使用。

2. 防火窗

防火窗必须采用钢窗或塑钢窗，镶嵌铅丝玻璃以免破裂后掉下，防止火焰蹿入室内或窗外。

3. 保温窗、隔声窗

保温窗通常有双层窗及双层玻璃的单层窗两种形式。双层窗可内外开或内开、外开。双层玻璃的单层窗又分为：双层中空玻璃窗，双层玻璃之间的距离为 5 ~ 15 mm，窗扇的上下冒头应设透气孔；双层密闭玻璃窗，两层玻璃之间为封闭式空气间层，其厚度一般为 4 ~ 12 mm，充以干燥空气或惰性气体，玻璃四周密封，这样可增大热阻、减少空气渗透，避免空气间层内产生凝结水。若采用双层窗隔声，应采用不同厚度的玻璃，以减少吻合效应的影响。厚玻璃应位于声源一侧，玻璃间的距离一般为 80 ~ 100 mm。

第6节　楼梯与电梯构造

建筑物的竖向通行主要依靠楼梯、电梯、自动扶梯、台阶、坡道等设施。楼梯不仅是竖向交通设施，还是紧急疏散的主要通道；电梯主要用于高层建筑、入户地面的建筑高度大于 16 m 的住宅及使用要求较高的宾馆、写字楼、工厂等多层建筑；自动扶梯一般用于人流量较大的公共建筑；台阶和坡道主要位于建筑物的出入口，台阶连接室外和室内地坪，坡道是建筑物中无障碍设计的设施。

一、楼梯的组成与构造

（一）楼梯的组成与分类

1. 楼梯的组成

楼梯一般由梯段、楼梯平台、栏杆扶手三部分组成，如图 2-89 所示。

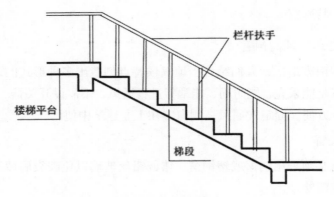

图 2-89 楼梯的组成

①梯段是连接两个不同标高平台的倾斜构件，由若干个踏步组成。

②楼梯平台是指连接两个梯段之间的水平部分。楼梯平台用于供楼梯转折，连通某个楼层或供使用者在攀爬一定距离后稍事休息。楼梯平台包括楼层平台和休息平台两种，与楼层标高一致的平台称为楼层平台；介于两个楼层之间为减轻疲劳而设的平台称为休息平台，又叫中间平台。楼梯平台由平台梁和平台板组成。

③栏杆扶手是设在梯段及楼梯平台边缘的安全保护构件。因此，要求栏杆必须坚固可靠，并且有足够的安全高度。

梯段、楼梯平台、栏杆扶手的一些构造要求如下：

①梯段的踏步数量：3 级 ≤ 踏步步数 ≤ 18 级；楼梯踏步的宽度 b 和高度 h 的关系应满足 600 mm ≤ $2h+b$ ≤ 620 mm；梯段的净高不应小于 2.2 m。

②楼梯平台上部及下部过道处的净高不应小于 2 m；楼梯休息平台的宽度应大于等于梯段的宽度。

③室内楼梯栏杆扶手的高度自踏步起不宜小于 0.9 m。楼梯井（楼梯平台和梯段所围成的上下连通的空间）的宽度大于 0.5 m 时，其扶手高度不应小于 1.05 m。

2. 楼梯的分类

楼梯按其所在位置可以分为室内楼梯和室外楼梯；按其使用性质可以分为主要楼梯、辅助楼梯、疏散楼梯和消防楼梯；按其材料不同可以分为木楼梯、钢楼梯和钢筋混凝土楼梯等。

楼梯按楼层间梯段的数量和上下楼层方向的不同，可分为直行单跑楼梯、直行多跑楼梯、平行双跑楼梯、平行双分楼梯、平行双合楼梯、曲线式楼梯和剪刀式楼梯。

①直行单跑楼梯（图 2-90）。此种楼梯无中间平台，由于单跑楼段踏步数一般不超过 18 级，故仅用于层高不高的建筑。

图 2-90　直行单跑楼梯

②直行多跑楼梯（图 2-91）。此种楼梯是直行单跑楼梯的延伸，仅增设了中间平台，将单梯段变为多梯段。一般为双跑梯段，适用于层高（上下相邻两层的楼面或楼面与地面之间的垂直距离）较大的建筑。直行多跑楼梯给人以直接、顺畅的感觉，导向性强，在公共建筑中常用于人流较多的大厅。但是，由于其缺乏方位上回转上升的连续性，当用于多层楼面的建筑时，会增加交通面积并加长人流行走的距离。

图 2-91　直行多跑楼梯

③平行双跑楼梯（图 2-92）。此种楼梯由于上完一层楼刚好回到原起步方位，与楼梯上升的空间回转往复性吻合，当上下多层楼面时，比直跑楼梯节约交通面积并缩短人流行走距离，是常用的楼梯形式之一。

图 2-92　平行双跑楼梯

④平行双分楼梯（图2-93）。此种楼梯形式是在平行双跑楼梯基础上演变产生的。其梯段平行而行走方向相反，且第一跑在中部上行，然后其中间平台处往两边以第一跑的二分之一梯段宽，各上一跑到楼层面。通常在人流多楼段宽度较大时采用。由于其造型的对称严谨性，常用作办公类建筑的主要楼梯。

图 2-93　平行双分楼梯

⑤平行双合楼梯（图2-94）。此种楼梯与平行双分楼梯类似，区别仅在于楼层平台起步第一跑梯段前者在中而后者在两边。

图 2-94　平行双合楼梯

⑥曲线式楼梯（图2-95）。曲线式楼梯有弧线形、螺旋形等形式，如图2-95所示。曲线式楼梯造型美观，有较强的装饰效果，多用于公共建筑的大厅中。

（a）弧线形　　　　　　　　（b）螺旋形

图 2-95　曲线式楼梯

⑦剪刀式楼梯（图 2-96）。剪刀式楼梯相当于双跑式楼梯的对接。剪刀式楼梯多用于人流量大的公共建筑中，是室外楼梯的常用形式。

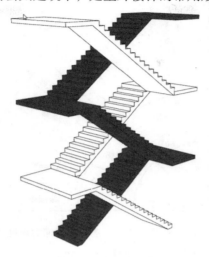

图 2-96　剪刀式楼梯

（二）楼梯的设计要求

①作为主要楼梯，应与主要出入口邻近，且位置明显，同时还应避免垂直交通与水平交通在交接处拥挤、堵塞。

②必须满足防火要求，楼梯间除允许直接对外开窗采光外，不得向室内任何房间开窗；楼梯间四周墙壁必须为防火墙；对防火要求高的建筑物特别是高层建筑，应设计成封闭式楼梯或防烟楼梯。

③楼梯间必须有良好的自然采光。

（三）楼梯的尺度

1. 楼梯的宽度

楼梯的宽度必须满足上下人流及搬运物品的需要。从确保安全角度出发，楼梯的宽度是根据该楼梯的人流数来确定的。

2. 楼梯的坡度与踏步尺寸

楼梯的最大坡度不宜超过 38°。当坡度小于 20° 时，采用坡道；大于 45° 时，则采用爬梯。坡道、台阶、楼梯、爬梯的坡度范围如图 2-97 所示。

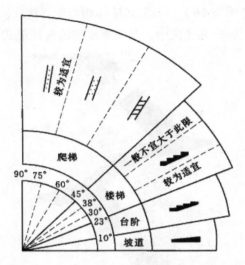

图 2-97　坡道、台阶、楼梯、爬梯的坡度范围

楼梯坡度实质上与楼梯踏步密切相关，踏步高与宽之比能反映楼梯坡度和步距。踏步高常以 h 表示，踏步宽常以 b 表示。

民用建筑中，楼梯踏步的最小宽度与最大高度的限值见表 2-11。

表 2-11　楼梯踏步最小宽度和最大高度

单位：mm

楼梯类别	住宅公用楼梯	幼儿园楼梯	医院、疗养院等楼梯	学校、办公楼等楼梯	剧院、会堂等楼梯
最小宽度	250（260～300）	260（260～280）	280（300～350）	260（280～340）	220（300～350）
最大高度	180（150～175）	150（120～150）	160（120～150）	170（140～160）	200（120～150）

3. 栏杆扶手的高度

栏杆扶手的高度是指踏步前缘线到扶手顶面的垂直距离。栏杆扶手的高度应根据人体重心高度和楼梯坡度大小等因素确定，一般不应低于 900 mm。靠楼梯井一侧水平扶手超过 500 mm 长度时，其扶手高度不应小于 1050 mm；供儿童使用的楼梯应在 500～600 mm 高度增设扶手（图 2-98）。

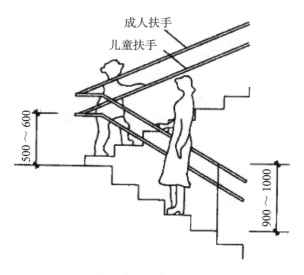

图 2-98　扶手高度位置（单位：mm）

4. 楼梯尺寸的确定

（1）梯段宽度与平台宽的计算

梯段宽 B：

$$B = \frac{A - C}{2}$$

式中：A 为开间净宽，mm；C 为两梯段之间的缝隙宽，考虑消防、安全和施工的要求，C=60 ～ 200 mm。平台宽 $D \geqslant B$。

（2）踏步的尺寸与踏步数量的确定

踏步数量 N：

$$N = \frac{H}{h}$$

式中：N 为踏步数量，个；H 为层高，mm；h 为踏步高，mm。

（3）梯段长度计算

梯段长度取决于踏步数量。当 N 已知后，两段等跑的楼梯梯段长 L 为

$$L = \left(\frac{N}{2} - 1 \right) b$$

式中：b 为踏步宽，mm。

113

5. 楼梯的净空高度

楼梯的净空高度包括梯段处的净高和平台过道处的净高。梯段处的净高是指踏步前缘线（包括最低和最高一级踏步前缘线外 0.3 m 范围）至正上方突出物下边缘的垂直距离。梯段处的净高不得小于 2.2 m。平台过道处的净高是指平台梁至平台梁正下方踏步或楼地面上边缘的垂直距离。为了保证在这些部位通行物件不受影响，其净空高度应不小于 2 m。楼梯的净空高度如图 2-99 所示。

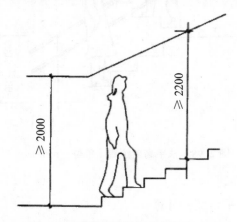

图 2-99　楼梯的净空高度（单位：mm）

在楼梯间顶层，当楼梯不上屋顶时，由于局部净空高度大，空间浪费，可在满足楼梯净空要求的情况下局部加以利用，如做成小储藏间，如图 2-100 所示。

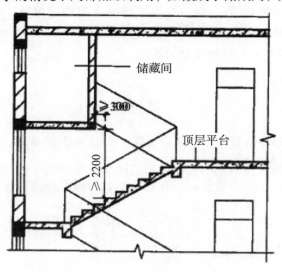

图 2-100　楼梯间局部利用（单位：mm）

114

（四）钢筋混凝土楼梯构造

钢筋混凝土材料制成的楼梯使用最为广泛，按照其施工方式不同可分为现浇钢筋混凝土楼梯和预制装配钢筋混凝土楼梯。

1.现浇钢筋混凝土楼梯

现浇钢筋混凝土楼梯是指在施工现场支模板、绑扎钢筋、浇筑混凝土而形成的整体楼梯。楼梯平台与梯段整体浇筑，因而楼梯整体性好、刚度大、有利于抗震，使用非常广泛。现浇钢筋混凝土楼梯根据梯段结构形式不同，可分为板式梯段和梁板式梯段。

（1）板式梯段

所谓板式梯段就是指将梯段作为一块整板，斜搁在楼梯的平台梁上。平台梁之间的距离便是这块板的跨度，如图 2-101 所示。

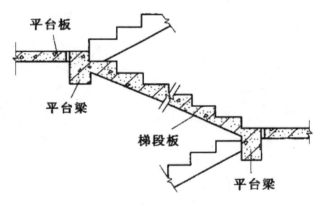

图 2-101　板式梯段

（2）梁板式梯段

当梯段较宽或楼梯负载较大时，采用板式梯段往往不经济，这时应增加梯段斜梁（简称梯梁）以承受板的荷载，并将荷载传给平台梁，这种梯段称为梁板式梯段。梁板式梯段在结构布置上有双梁布置和单梁布置之分。

双梁布置是将梯段斜梁布置在踏步的两端，这时踏步板的跨度便是梯段的宽度，也就是梯段斜梁间的距离。梁板式楼梯与板式楼梯相比，板的跨度小，故在板厚相同的情况下，梁板式楼梯可以承受更大的荷载。反之，荷载相同的情况下，梁板式楼梯的板厚可以比板式楼梯的板厚薄。梯梁在踏步板之下，踏步外露，称为明步，也称为正梁式梯段。梯梁在踏步板之上，形成反梁，踏步包在里面，称为暗步，也称为反梁式梯段。正梁式梯段和反梁式梯段分别如图2-102 和图 2-103 所示。

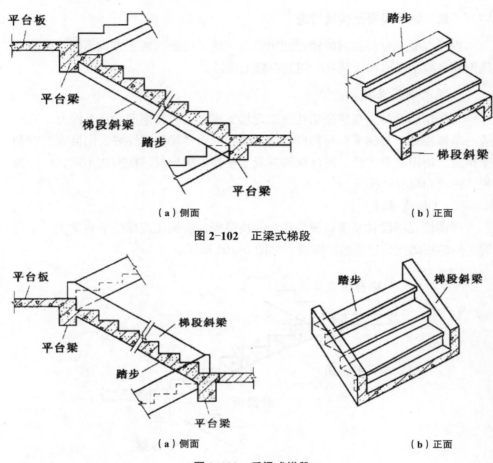

（a）侧面　　　　　　　　　　　　（b）正面

图 2-102　正梁式梯段

（a）侧面　　　　　　　　　　　　（b）正面

图 2-103　反梁式梯段

在梁板式结构中，单梁布置是近年来公共建筑中采用较多的一种布置形式。这种楼梯的每个梯段由一根梯梁支承踏步。单梁布置有两种方式：一种是单梁悬臂式楼梯（图 2-104），另一种是单梁挑板式楼梯（图 2-105）。单梁楼梯受力复杂，梯梁不仅受弯，而且受扭。但这种楼梯外形轻巧、美观，常为建筑空间造型所采用。

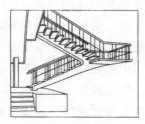

图 2-104　单梁悬臂式楼梯

图 2-105　单梁挑板式楼梯

2. 预制装配式钢筋混凝土楼梯

预制装配式钢筋混凝土楼梯是指用预制厂生产或现场制作的构件安装拼合的楼梯。采用预制装配式钢筋混凝土楼梯较现浇钢筋混凝土楼梯可提高工业化施工水平，节约模板，简化操作程序，缩短工期。但预制装配式钢筋混凝土楼梯的整体性、抗震性等不及现浇钢筋混凝土楼梯。

预制装配式钢筋混凝土楼梯有多种不同的构造形式。按楼梯构件的合并程度，一般可分为小型、中型和大型预制构件装配式钢筋混凝土楼梯。

（1）小型预制构件装配式钢筋混凝土楼梯

小型预制构件装配式钢筋混凝土楼梯是将梯段和楼梯平台分割成若干部分分别预制，然后装配而成的楼梯。小型预制构件装配式钢筋混凝土楼梯按照踏步的支撑方式分为梁承式、墙承式、悬挑式等。

梁承式是指梯段由平台梁支承的楼梯构造方式。墙承式是指预制钢筋混凝土踏步板直接搁置在墙上的楼梯构造方式。小型预制构件墙承式钢筋混凝土楼梯如图 2-106 所示。

图 2-106　小型预制构件墙承式钢筋混凝土楼梯

悬挑式是指将每一个踏步板作为一个悬挑构件，踏步板的根部压在墙体内所形成的楼梯构造形式。踏步板悬挑部分为L形断面，压在墙内的为矩形断面，小型预制构件悬挑式钢筋混凝土楼梯如图2-107所示。

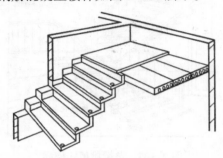

图2-107　小型预制构件悬挑式钢筋混凝土楼梯

（2）中型预制构件装配式钢筋混凝土楼梯

中型预制构件装配式钢筋混凝土楼梯，一般由梯段和带平台梁的平台板两个构件组成。带梁平台板把平台梁和平台板合并成一个构件。当起重能力有限时，可将平台梁和平台板分开。这种平台板可以和小型预制构件装配式钢筋混凝土楼梯的平台板一样，采用预制钢筋混凝土槽形板或空心板，两端直接支承于楼梯间的横墙上；或采用小型预制钢筋混凝土平板，直接支承于平台梁和楼梯间的纵墙上。

（3）大型预制构件装配式钢筋混凝土楼梯

大型预制构件装配式钢筋混凝土楼梯一般是将梯段和平台一起预制成一个构件。大型预制构件装配式钢筋混凝土楼梯，构件数量少，施工速度快，但施工时需要大型起重运输设备。

（五）楼梯细部构造

1.踏步面层及防滑处理

（1）踏步面层

踏步是供人行走的，踏面应便于行走、耐磨、防滑，且便于清洁，也要求美观。现浇楼梯拆模后一般表面粗糙，需做面层。踏步的面层材料，视装修要求而定，常与门厅或楼道的楼地面面层材料一致。常用的材料有水泥砂浆、水磨石、大理石和缸砖等。

（2）防滑处理

在踏步上设置防滑条的目的在于避免行人滑倒，并起到保护踏步阳角的作用。在人流量较大的楼梯中均应设置防滑条，其设置位置应靠近踏步阳角处。

为保证上下行走安全，应在踏口处填嵌防滑条或防滑包口材料，有的直接在踏步面上铺上地毯或橡胶贴面，如图2-108所示。需要注意的是，防滑条应突出踏步面2～3 mm，但不能太高，否则会使行走不便。

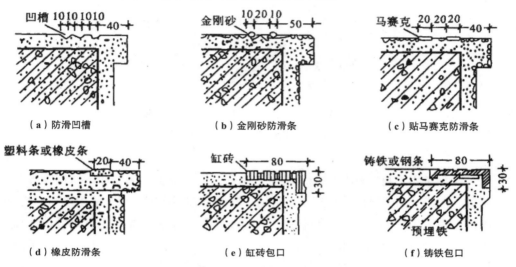

图 2-108　踏步防滑条构造（单位：mm）

2. 栏杆、栏板和扶手构造

楼梯栏杆、栏板和扶手是上下楼梯的安全设施，也是建筑中装饰性较强的构件。设计时应满足坚固、安全、适用、美观等要求。

（1）栏杆和栏板

栏杆多用方钢、圆钢、扁钢等型材焊接或铆接成各种图案，既起防护作用，又有一定的装饰效果。常用栏杆的断面尺寸为：圆钢 $\phi16$ mm ～ $\phi25$ mm；方钢 15 mm×15 mm ～ 25 mm×25 mm；扁钢（30～50 mm）×（3～6 mm）；钢管 $\phi40$ mm ～ $\phi50$ mm。栏杆与梯段应有可靠的连接，连接方法主要有预埋铁件焊接、预留孔洞插接和螺栓连接。预埋铁件焊接是将栏杆的立杆与梯段中事先预埋的钢板或套管焊接在一起。预留孔洞插接是将栏杆的立杆端部做成开脚或倒刺插入梯段预留的孔洞，再用水泥砂浆或细石混凝土填实。

栏板的材料主要是混凝土、砌体或钢丝网、玻璃等。暗步式梁式混凝土楼梯梯段的梁加高后即为实心栏板，加高方式可以是加高梁断面，也可以在梁面上加砌砌体。在板式楼梯梯段上也能用砌体砌出栏板来。常见的楼梯栏杆及栏板形式如图2-109所示。

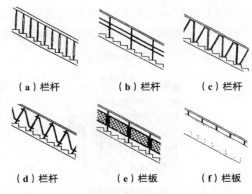

| （a）栏杆 | （b）栏杆 | （c）栏杆 |
| （d）栏杆 | （e）栏板 | （f）栏板 |

图 2-109　常用楼梯扶手栏杆及栏板形式

（2）扶手

扶手常用木材、塑料、金属管材（钢管、铝合金管、铜管和不锈钢管等）制作。木扶手和塑料扶手具有手感舒适、断面形式多样的优点，使用最为广泛。木扶手常采用硬木制作。塑料扶手可选用生产厂家定型产品，也可另行设计加工制作。金属管材扶手由于其可弯性好，常用于螺旋形、弧形楼梯，但其断面形式单一。钢管扶手表面涂层易脱落，铝管、铜管和不锈钢管扶手则因其造价高而在使用中受到限制。

扶手与栏杆的连接构造应满足安全、牢固要求。硬木扶手与金属栏杆的连接一般通过木螺丝拧在栏杆上部的通长扁铁上；塑料扶手通过预留的卡口直接卡在扁铁上；圆钢管扶手则直接焊接在金属栏杆的顶面上。靠墙需做扶手时，常通过铁脚使扶手与墙得以相互连接。

扶手断面形式和尺寸的选择既要考虑人体尺度和使用要求，又要考虑扶手与楼梯的尺度关系和加工制作的可能性。图 2-110 为几种常见扶手的断面形式和尺度。

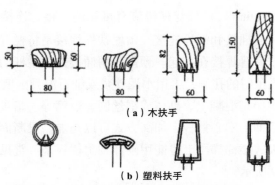

（a）木扶手

（b）塑料扶手

图 2-110　常见扶手的断面形式与尺度（单位：mm）

二、电梯与自动扶梯构造

（一）电梯的组成与构造

当房屋的层数较多（如住宅建筑超过 6 层）或房屋最高楼面在 16 m 以上时，通过楼梯上下不仅耗费时间，同时消耗人的体能较大，此时应设电梯。

电梯一般由机房、井道、轿厢三部分组成。机房是安装电梯起重设备的空间，井道是供轿厢运行的通道，井道内的平衡重由金属块叠合而成，用吊索与轿厢相连，以保持轿厢平衡。轿厢供载人或载物之用，要求造型美观，经久耐用。

1. 机房

机房一般设置在井道的顶部，也有少数设置在顶端本层、底层或地下。机房的平面尺寸应根据机械设备尺寸的安排及管理、维修等需要决定，一般至少有两个面每边扩出 600 mm 以上的宽度，高度多为 2.5 ～ 3.5 m。机房应有良好的采光和自然通风，机房的围护结构应具有一定的防火、防水和保温、隔热性能。为了便于安装和检修，机房的楼板应按机器设备要求的部位预留孔洞。

2. 井道

井道是供电梯运行的通道，其内除电梯及出入口外，还安装有导轨、平衡重及缓冲器等。

①井道尺寸。井道的平面尺寸应考虑井道内的设备大小及设备安装和设备检修所需尺寸，这又与电梯的类型、载重量有关，设计时可按电梯厂的产品要求来确定。井道的高度包括底层端站地面至顶层端站楼面的高度、井道顶层高度和井道底坑深度。井道底坑是电梯底层端站地面以下的部分。考虑电梯的安装、检修和缓冲要求，井道的顶部和底部应留有足够的空间。井道顶层高度和底坑深度视电梯运行速度、电梯类型及载重量而定，井道顶层高度一般为 3.8 ～ 5.6 m，底坑深度一般为 1.4 ～ 3.0 m。

②井道的防火。井道是建筑中的垂直通道，极易引起火灾的蔓延，因此井道四周应为防火结构。井道壁一般采用现浇钢筋混凝土或框架填充墙井壁。同时当井道内超过两部电梯时，需用防火围护结构予以隔开。

③井道的通风。为使井道内空气流通，着火时能迅速排除烟和热气，应在井道肩部和中部适当位置（高层时）及井道底坑等处设置不小于 300 mm × 600 mm 的通风口，上部可以和排烟口结合，排烟口面积应不小于井道面积的 3.5%。通风口总面积的 1/3 应经常开启。通风管道可在井道顶板上或井道壁上直接通往室外。

121

④井道的隔振与隔声。为了减轻电梯在井道内运行时对建筑物产生振动和噪声，应采取适当的隔振及隔声措施。一般除在机房机座下设弹性垫层外，还应在机房与井道间设隔声层，高度为 1.5 ～ 1.8 m。

⑤井道底坑。井道底坑的地面设有缓冲器，以减轻轿厢停靠时与坑底的冲撞。坑底一般采用混凝土垫层，厚度应根据缓冲器反力大小来确定。为了便于检修，应考虑在坑壁设置爬梯和检修灯槽，坑底位于地下室时，宜从侧面开一检修用小门。坑内预埋件按电梯厂要求确定。

3. 轿厢

轿厢是直接载人、运货的厢体。电梯轿厢应造型美观，经久耐用，目前轿厢多采用金属框架结构，内部用光洁有色钢板壁面或有色有孔钢板壁面、花格钢板地面、荧光灯局部照明以及不锈钢操纵板等。入口处则采用钢材或坚硬铝材制成的电梯门槛。

（二）自动扶梯的组成与构造

自动扶梯是通过机械传动，在一定方向上能大量连续输送人流的装置。其运行原理，是采取机电系统技术，由电机、变速器以及安全制动器所组成的推动单元拖动两条环链，而每级踏板都与环链连接，通过轧轮的滚动，踏板便沿主构架中的轨道循环运转，而在踏板上面的扶手带以相应速度与踏板同步运转。

自动扶梯可用于室内或室外。用于室内时，运输的垂直高度最低 3 m，最高可达 11 m 左右；用于室外时，运输的垂直高度最低 3.5 m，最高可达 60 m 左右。自动扶梯倾角有 27.3°、30°、35° 几种角度。常用的角度是 30°。速度一般为 0.45 ～ 0.75 m/s，常用的速度为 0.5 m/s。自动扶梯可正向逆向运行。自动扶梯的宽度一般为 600 mm、800 mm、1000 mm、1200 mm，理论载客量为4000 ～ 10000 人次 / 小时。自动扶梯作为整体性设备与土建配合时不仅需注意其上下端支承点在楼盖处的平面间尺寸关系以及楼层梁板与梯段上人流通行安全的关系，还需满足支承点的荷载要求。自动扶梯使上下楼层空间连为一体，当防火分区面积超过规范限定时，应进行特殊处理。

三、台阶与坡道构造

（一）台阶

台阶主要位于建筑物的出入口，连接室外和室内地坪。台阶踏步高一般在100 ～ 150 mm，踏步宽一般在 300 ～ 400 mm。台阶上方可能有平台，平台深度一般不应小于 1000 mm，平台需做 3% 排水坡度，以利雨水排除。台阶有单面踏步式和三面踏步式等形式，大型公共建筑还常将可通行汽车的坡道与踏步结合，形成很壮观的大台阶，尤以医院和宾馆建筑常用。

台阶构造与地坪构造相似，由面层和结构层构成。结构层材料应采用抗冻、抗水性能好且质地坚实的材料，常见的台阶基础有就地砌造、勒脚挑出和桥式三种。台阶踏步有砖砌踏步、混凝土踏步、钢筋混凝土踏步和石踏步四种。台阶构造如图 2-111 所示。

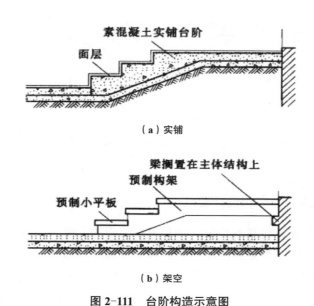

图 2-111　台阶构造示意图

（二）坡道

室外门前为了便于车辆上下，常做坡道。坡道的坡度与使用要求、面层材料和构造做法有关。坡道的坡度一般为 1 ： 6 ～ 1 ： 2；面层光滑的坡道，坡度不得大于 1 ： 10；粗糙材料和做防滑设计的坡道，坡度可大些，但不应大于 1 ： 6；锯齿形坡道的坡度可采用 1 ： 4。坡道和台阶一样，应采用耐久耐磨和抗冻性好的材料，一般采用混凝土材料，也可采用天然石材，坡道构造如图 2-112 所示。

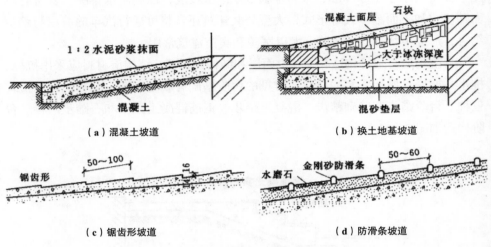

图 2-112 坡道构造（单位：mm）

第 7 节 变形缝构造

一、变形缝的类型和设计要求

由于温度变化、地基不均匀沉降和地震因素的影响，建筑物易出现裂缝或变形，故在设计时应事先将房屋划分成若干个独立的部分，使各部分能自由地变化。这种将建筑物垂直分开的预留缝称为变形缝。变形缝包括伸缩缝、沉降缝和防震缝三种。

（一）伸缩缝

伸缩缝是在长度或宽度较大的建筑物中，为避免由于温度变化引起材料的热胀冷缩导致构件开裂，而沿建筑物的竖向将基础以上部分全部断开的垂直缝隙。伸缩缝也叫温度缝。伸缩缝的宽度一般为 20～40 mm。

《砌体结构设计规范》（GB50003—2017）对砌体房屋伸缩缝的最大间距做了规定，见表 2-8。

表 2-8　砌体房屋伸缩缝的最大间距

屋盖或楼盖类别		间距 /m
整体式或装配整体式钢筋混凝土结构	有保温层或隔热层的屋盖、楼盖	50
	无保温层或隔热层的屋盖	40
装配式无檩体系钢筋混凝土结构	有保温层或隔热层的屋盖、楼盖	60
	无保温层或隔热层的屋盖	50
装配式有檩体系钢筋混凝土结构	有保温层或隔热层的屋盖	75
	无保温层或隔热层的屋盖	60
瓦材屋盖、木屋盖或楼盖、轻钢屋盖		100

注：①对烧结普通砖、烧结多孔砖、配筋砌块砌体房屋，取表中数值；对石砌体、蒸压灰砂普通砖、蒸压粉煤灰普通砖、混凝土砌块、混凝土普通砖和混凝土多孔砖房屋，取表中数值乘以 0.8 的系数。当墙体有可靠外保温措施时，其间距可取表中数值。

②在钢筋混凝土屋面上挂瓦的屋盖应按钢筋混凝土屋盖采用。

③层高大于 5 m 的烧结普通砖、烧结多孔砖、配筋砌块砌体结构单层房屋，其伸缩缝间距可按表中数值乘以 1.3。

④温差较大且变化频繁地区和严寒地区不采暖的房屋及构筑物墙体的伸缩缝的最大间距，应按表中数值予以适当减小。

⑤墙体的伸缩缝应与结构的其他变形缝相重合，缝宽度应满足各种变形缝的变形要求；在进行立面处理时，必须保证缝隙的变形作用。

（二）沉降缝

为减少地基不均匀沉降对建筑物造成的危害，在建筑物某些部位设置的垂直缝称为沉降缝。沉降缝的设置前提：当一幢建筑物建造在地基承载力相差很大而又难以保证均匀沉降时；当同一建筑物高度或荷载相差很大，或结构形式不同时；当同一建筑物各部分相邻的基础类型不同或埋置深度相差很大时；当新建、扩建的建筑物与原有建筑物紧相毗连时；当建筑平面形状复杂、高度变化较多时。沉降缝的缝宽与地基情况和建筑物高度有关。地基越弱的建筑物，沉陷的可能性越高，沉陷后所产生的倾斜距离越大，要求的缝宽也越大。在软弱地基上其缝宽应适当增加。沉降缝的宽度见表 2-9。

表 2-9　沉降缝的宽度

地基性质	房屋高度 H	缝宽 B/mm
一般地基	< 5m	30
	5 ～ 10m	50
	10 ～ 15m	70

地基性质	房屋高度 H	缝宽 B/mm
软弱地基	2～3 层 4～5 层 5 层以上	50～80 80～120 ＞120
湿陷性黄土地基		≥30～70

注：沉降缝两侧单元层数不同时，由于高层影响，低层倾斜往往很大，因此宽度按高层确定

（三）防震缝

防震缝是指为防止建筑物的各部分在地震时相互撞击造成变形和破坏而设置的垂直缝。防震缝可将建筑物分成若干体型简单、结构刚度均匀的独立单元。

①防震缝的位置。防震缝的设置前提：建筑平面体型复杂，有较长突出部分时；建筑物（砌体结构）立面高差超过 6 m 时；建筑物毗连部分结构的刚度、重量相差悬殊时；建筑物有错层且楼板高差较大时。防震缝应与伸缩缝、沉降缝协调布置。

②防震缝宽。防震缝宽与结构形式、设防烈度和建筑物高度有关。在砖混结构中，防震缝宽一般取 50～100 mm，多（高）层钢筋混凝土结构防震缝最小宽度见表 2-10。

表 2-10 多（高）层钢筋混凝土结构防震缝最小宽度

单位：mm

结构体系	建筑高度 H≤15m	建筑高度 H＞15m，每增高 5m 加宽		
		7 度	8 度	9 度
框架结构、框-剪结构	70	20	33	50
剪力墙结构	50	14	23	35

二、变形缝的构造处理

墙体变形缝的构造，在外墙与内墙的处理中，由于位置不同而各有侧重。缝的宽度不同，构造处理也不同。

砖砌外墙厚度在一砖以上者，应做成错口缝或企口缝的形式，厚度在一砖或小于一砖时可做成平缝形式，如图 2-113 所示。

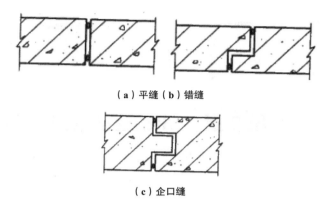

（a）平缝（b）错缝

（c）企口缝

图 2-113　变形缝的形式

为保证外墙自由变形，并防止风雨影响室内，应用沥青麻丝填嵌缝隙［图 2-114（a）］。当变形缝宽度较大时，应考虑做盖缝处理。缝口可用镀锌薄钢板或铝板覆盖［图 2-114（b）］。

内墙变形缝着重表面处理，可采用木条或木板盖缝，仅一边固定在墙上，允许自由移动［图 2-114（c），图 2-114（d）］。

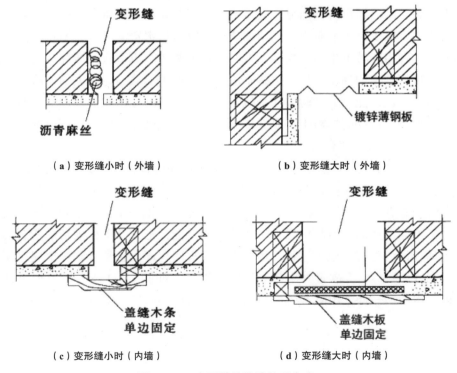

（a）变形缝小时（外墙）　　　　　　（b）变形缝大时（外墙）

（c）变形缝小时（内墙）　　　　　　（d）变形缝大时（内墙）

图 2-114　变形缝的构造处理方式

第3章 BIM 技术简介

第1节 BIM 的由来及定义

一、BIM 的由来

城市是人类文明发展的产物。在与大自然不断抗争的漫长过程中，人类逐渐意识到只有团结才能取得胜利。随着城市化进程的推进，人们对"城市让生活更美好"的渴望也日益凸显。人口增长、资源缺口、环境污染以及能源危机都给城市带来了巨大的压力。拥堵的交通、匮乏的水资源、令人窒息的空气，都与人类理想的城市生活格格不入。一边是人类要求更适宜的居住环境，更高生活质量的梦想和渴望；另一边是不堪重负的城市承载力。巨大的矛盾既是对城市建设者设计能力的考验，又是机会。持续高速的城市发展，催生了对市政设计能力进一步提高的需求。显然传统的设计模式已经无法满足城市发展的需要，这时候 BIM 技术便应运而生。

BIM 的全称是"建筑信息模型"（Building Information Modeling），这项"革命性"的技术，源于美国乔治亚理工大学（Georgia Tech College）建筑与计算机专业的查克·伊斯曼（Chuck Eastman）博士提出的一个概念：建筑信息模型包含了不同专业的所有的信息、功能要求和性能，把一个工程项目的所有的信息包括在设计过程、施工过程、运营管理过程的全部信息整合到一个建筑模型中（图 3-1）。"工欲善其事，必先利其器"，如同 CAD 技术给工程设计带来第一次革命一样，BIM 技术必将引领工程设计的第二次革命。

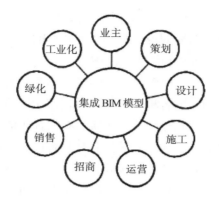

图 3-1　集成 BIM 模型图

BIM 技术的主要倡导者是美国和英国等一些发达国家。随着我国建筑行业的蓬勃发展，该技术在我国的理论研究和工程应用逐渐增多。我国自 2002 年开始引进 BIM 技术，起初主要是在学术领域进行研究。2007 年，上海世博会建设期间，德国馆、芬兰馆、国家电网馆等展馆工程项目采用了 BIM 设计技术，这是国内工程界认识 BIM 的开始。BIM 技术作为促进我国建筑业发展创新的重要技术手段，其应用与推广将对建筑业的科技进步与转型升级产生无可估量的影响，同时也给施工企业的发展带来巨大效益，将大大提高建筑工程管理的集成化程度和交付能力，使工程质量和效率显著提高。

二、BIM 的定义

BIM 技术是当前建筑设计领域中的革命性技术，全球建筑设计领域正迎来一场从二维（2D）设计转向三维（3D）设计的变革。由于 BIM 概念的内涵丰富，外延广阔，同时国内外有关 BIM 的研究极少，其定义目前在业界尚未有统一的说法。麦克格劳·希尔（Mcgraw Hill）在 2009 年名为《BIM 的价值》（*The Business Value of BIM*）的市场调研报告中对 BIM 的定义比较简练，他认为：BIM 是利用数字模型对项目进行设计、施工和运营的过程。英国标准协会（BSI）将 BIM 定义为：建筑物或基础设施设计、施工或运维应用面向对象电子信息的过程。英国《NBS 国家 BIM 调查报告（2015）》指出：BIM 不是软件，而是一种工作协作方法。相比较，美国国家 BIM 标准（NBIMS）对 BIM 的定义比较完整：BIM 是一个设施（建设项目）物理和功能特性的数字表达；是共享知识资源，是一个分享有关设施的信息，为该设施从概念到拆除的全生命周期中的所有决策提供可靠依据的过程；在项目不同阶段，不同利益相关方通过在 BIM 中插入、提取、更新和修改消息，以支持和反映其各自职责的协同作业。

我国《建筑信息模型应用统一标准》(GB/T 51212—2016)中,将 BIM 定义如下:在建设工程及设施全生命周期内,对其物理和功能特性进行数字化表达,并依此设计、施工、运营的过程和结果的总称。

目前,较为人们所接受的解释是,BIM 技术是一种可视化的三维数字建模技术,它以建筑工程项目的各项相关信息数据作为模型的基础,进行建筑模型的建立,通过数字信息仿真模拟建筑物所具有的真实信息。换句话说,BIM 是以三维数字技术为基础,集成了建筑工程项目各阶段工程信息的数字化模型及其功能特性的数字化表达,旨在实现建筑全生命周期各阶段和各参与方之间的信息共享,可明显提高工程建设管理的信息化水平和效率。

BIM 技术是一种多维(三维空间、四维时间、五维成本、N 维更多应用)模型信息集成技术,可以使建设项目的所有参与方(包括政府主管部门、业主、设计单位、施工单位、监理单位、造价咨询单位、项目用户等)在项目从概念产生到完全拆除的整个生命周期内都能够在模型中操作信息和在信息中操作模型,从而从根本上改变从业人员依靠符号和文字形式的图纸进行项目建设和运营管理的工作方式,实现在建设项目全生命周期内提高工作效率和质量以及减少错误和风险的目标。

综上,BIM 的含义总结为以下三点:

① BIM 是以三维数字技术为基础,集成了建筑工程项目各种相关信息的工程数据模型,它是对工程项目设施实体与功能特性的数字化表达。

② BIM 是一个完善的信息模型,能够连接建筑项目全生命周期不同阶段的数据、过程和资源,是对工程对象的完整描述,其提供的可自动计算、查询、组合拆分的实时工程数据可被建设项目各参与方使用。

③ BIM 具有单一工程数据源,可解决分布式、异构工程数据之间的一致性和全局共享问题,支持建设项目全生命周期中动态的工程信息创建、管理和共享,是项目实时的共享数据平台。

第 2 节　BIM 技术的特点与优势

一、BIM 技术的特点

信息技术在一定程度上改变了人们生产和生活的模式,让传统行业迸发出新的光彩,从而可以更好促进时代发展和社会发展。在建筑工程项目中,BIM 技术的价值和意义十分突出。在实际应用过程中,相关设计操作离不开 BIM

技术的支持，因此我们需要首先充分认识 BIM 技术的具体特点，然后结合实际情况进行应用，继而优化最终相关建筑的设计成效，促进行业不断发展与进步。

一般认为，BIM 技术具有可视化、一体化、参数化、协调性、模拟性、优化性、信息完备性和可出图性八大特点。

（一）可视化

可视化即"所见所得"的形式，对于建筑行业来说，可视化的真正运用在建筑业的作用是非常大的。BIM 模型本身具有几何可视化的属性，同时模型中的信息也可以通过可视化的方式表现出来，因此 BIM 技术具有信息可视化的特性，具体体现在以下几个方面。

1. 设计可视化

BIM 软件具有多种可视化的模式，一般包括隐藏线、带边框着色和真实渲染三种模式。BIM 软件还具有漫游功能，通过创建相机路径，并创建动画或一系列图像，可向客户进行模型展示。

2. 施工可视化

①施工组织可视化：通过创建各种模型，可以在电脑中进行虚拟施工，使施工组织可视化。

②复杂构造节点可视化：利用 BIM 技术的可视化特性，可以将复杂的构造节点全方位呈现，如复杂的钢筋节点、幕墙节点等。

3. 设备可操作性可视化

利用 BIM 技术，可对建筑设备空间是否合理进行提前检验。与传统的施工方法相比，该方法更直观、清晰。

4. 机电管线碰撞检查可视化

通过将各专业模型组装为一个整体 BIM 模型，从而使机电管线与建筑物的碰撞点以三维方式直观显示出来。在 BIM 模型中，可以提前在真实的三维空间中找出碰撞点，并由各专业人员在模型中调整好碰撞点或不合理处后再导出 CAD 图纸。

（二）一体化

一体化指的是 BIM 技术可进行从设计到施工再到运营贯穿工程项目全生命周期的一体化管理。

在设计阶段，BIM 技术可以使建筑、结构、给排水、空调、电气等各个专业基于同一个模型进行工作，从而使真正意义上的三维集成协同设计成为可能。

在施工阶段，BIM 技术可以同步提供有关建筑质量、进度以及成本的信息。利用 BIM 技术可以实现整个施工周期的可视化模拟与可视化管理。

在运营管理阶段，BIM 技术可以提高收益和成本管理水平，为开发商销售招商和业主购房提供了极大的透明和便利。

（三）参数化

参数化建模指的是通过参数（变量）而不是数字建立和分析模型，简单地改变模型中的参数值就能建立和分析新的模型。

由于 BIM 模型具有关联性和参数可控性，从这个角度，我们可以说，BIM 模型是一个完全参数化的模型，我们在设计的任何阶段，都可以通过参数的调整来控制模型的形体。

BIM 模型的参数化设计分为两个部分：参数化图元和参数化修改引擎。

1. 参数化图元

参数化图元指的是 BIM 模型中的图元是以构件的形式出现的，这些构件之间的不同，是通过参数的调整反映出来的，参数保存了图元作为数字化建筑构件的所有信息。

2. 参数化修改引擎

参数化修改引擎指的是参数更改技术使用户对建筑设计或文档部分做的任何改动，都可以自动地在其他相关联的部分反映出来。在参数化设计系统中，设计人员根据工程关系和几何关系来指定设计要求。参数化设计的本质是在可变参数的作用下，系统能够自动维护所有的不变参数。因此，参数化模型中建立的各种约束关系体现了设计人员的设计意图。参数化设计可以大大提高模型的生成和修改速度。

（四）协调性

协调性是指 BIM 技术将不同专业、不同参与方的模型与信息集成在一个虚拟数字模型中，进行整合与协调，发现并消除冲突。BIM 技术的协调性主要体现在以下方面。

1. 设计协调

设计协调指的是通过 BIM 三维可视化控件及程序自动检测，可对建筑物内机电管线和设备进行直观布置模拟安装，检查是否碰撞，找出问题所在及冲突矛盾之处，还可调整楼层净高、墙柱尺寸等。设计协调可以有效解决传统方法容易造成的设计缺陷，提升设计质量，减少后期修改，降低成本及风险。

2. 整体进度规划协调

整体进度规划协调指的是基于 BIM 技术，对施工进度进行模拟，同时根据最前线的经验和知识进行调整，极大地缩短施工前期的技术准备时间，并帮助各类各级人员对设计意图和施工方案获得更高层次的理解。以前施工技术通常是由技术人员或管理层敲定的，因而容易出现下级人员信息断层的情况。

3. 成本预算、工程量估算协调

成本预算、工程量估算协调指的是应用 BIM 技术为造价工程师提供各设计阶段准确的工程量、设计参数和工程参数，将这些工程量和参数与技术经济指标结合，计算出准确的估算、概算，再运用价值工程和限额设计等手段对设计成果进行优化。基于 BIM 技术生成的工程量不是简单的长度和面积的统计，专业的 BIM 造价软件可以进行精确的 3D 布尔运算和实体减扣，从而获得更符合实际的工程量数据，并且可以自动形成电子文档进行交换、共享、远程传递和永久存档。

4. 运维协调

运维协调包含设施管理协调、空间管理协调、应急管理协调、隐蔽工程管理协调和节能减排管理协调。

（1）设施管理协调

设施管理协调主要体现在设施的装修、空间规划和维护操作上。BIM 技术能够提供关于建筑项目的协调一致的、可计算的信息，该信息可用于共性及重复使用，从而可降低业主和运营商因缺乏互操作性而导致的成本损失。

（2）空间管理协调

空间管理协调主要应用在照明、消防等各系统和设备的空间定位上。业主应用 BIM 技术可获取各系统和设备的空间位置信息，把原来编号或者文字表示变成三维图形位置，直观形象且方便查找。

（3）应急管理协调

应急管理协调主要应用在对突发事件的管理上。运营商可通过 BIM 技术的运维管理对突发事件进行预防、警报和处理。

（4）隐蔽工程管理协调

运营商基于 BIM 技术的运维管理可以管理复杂的地下管网，如污水管、排水管、网线、电线以及相关管井，并且可以在图上直接获得相对应的位置关系。

当改建或二次装修的时候可以避开现有管网位置，便于管网维修、更换设备和定位。内部相关人员可以共享这些电子信息，有变化可随时调整，保证信息的完整性和准确性。

（5）节能减排管理协调

BIM 技术结合物联网技术，可以使日常能源管理监控变得更加方便。通过安装具有传感功能的电表、水表、煤气表后，系统可以实现建筑能耗数据的实时采集、传输、初步分析、定时定点上传等基本功能，并具有较强的扩展性。系统还可以实现室内温度、湿度的远程监测，可以及时收集所有能源信息，并且通过能源管理功能模块，对能源消耗情况进行自动统计，并对异常能源使用情况进行警告或者标识。

（五）模拟性

BIM 模型除了包含与几何图形及数据有关的数据模型外，还包含与管理有关的行为模型，两者相结合赋予数据不同的意义，因而可用于模拟施工过程。

（1）建筑物性能分析模拟

建筑物性能分析模拟即建筑师基于 BIM 技术在设计过程中赋予所创建的虚拟建筑模型大量建筑信息（几何信息、材料性能、构件属性等），然后将 BIM 模型导入相关性能分析软件，从而得到相应的分析结果。性能分析主要包括能耗分析、光照分析、设备分析、绿色分析等。

（2）施工模拟

①施工方案模拟、优化；

②工程量自动计算；

③消除现场施工过程干扰或施工工艺冲突。

（3）施工进度模拟

施工进度模拟即通过将 BIM 模型与施工进度计划相链接，把空间信息与时间信息整合在一个可视的四维（4D）模型中，直观、精确地反映整个施工过程。

（4）运维模拟

①设备的运行监控：通过 BIM 模型可以实现对建筑物设备的搜索、定位、信息查询等功能。

②能源运行管理：通过 BIM 模型可以对租户的能源使用情况进行监控与管理，赋予每个能源使用记录表传感功能，在管理系统中及时做好信息的收集处理；通过能源管理系统可以对能源消耗情况自动进行统计分析，并且可以对

异常使用情况进行警告。

　　③建筑空间管理：通过 BIM 模型可以直观地查询定位到每个租户的空间位置以及租户的信息，如租户名称、建筑面积、租约区间、租金情况、物业管理情况；还可以实现租户的各种信息的提醒功能，同时可以根据租户信息的变化，实现对数据的及时调整和更新。

（六）优化性

　　事实上，整个设计、施工、运营的过程就是一个不断优化的过程。当然优化和 BIM 技术也不存在实质性的必然联系，但在 BIM 技术的基础上可以做更好的优化。换句话说，BIM 模型与信息能有效协调建筑设计、施工和管理的全过程，促使加快决策进度、提高决策质量，从而可有效提高项目质量，增加投资收益。

　　优化受三种因素的制约：信息、复杂程度和时间。

　　建筑工程的参与人员如果没有准确的信息，就做不出合理的优化结果。BIM 模型提供了建筑物实际存在的信息，包括几何信息、物理信息、规则信息，还提供了建筑物变化以后的实际存在信息。复杂程度较高时，参与人员本身的能力无法掌握所有的信息，必须借助一定的科学技术和设备的帮助。

　　现代建筑物的复杂程度大都超过了参与人员本身的能力极限，BIM 技术及与其配套的各种优化软件提供了对复杂项目进行优化的可能。

（七）信息完备性

　　信息完备性体现在 BIM 技术可对工程对象进行 3D 几何信息和拓扑关系的描述以及完整的工程信息描述，这些信息和关系包括：对象名称、结构类型、建筑材料、工程性能等设计信息；施工工序、进度、成本、质量以及人力、机械、材料资源等施工信息；工程安全性能、材料耐久性能等维护信息；对象之间的工程逻辑关系；等等。

（八）可出图性

　　BIM 模型与专业表达是相兼容的，基于 BIM 模型可以进行符合专业习惯的表达。但由于传统的表达习惯并非基于三维，且目前各种 BIM 软件的本地化程度有限，各专业的成熟度差别也较大，因此从 BIM 模型直接出图目前仍未完全实现。一方面需要对软件本身进行本地化二次开发；另一方面，也需要对传统的表达习惯做出变革，以适应信息化时代下新技术的推广与应用。

二、BIM 技术的优势

CAD 技术将建筑师、工程师们从手工绘图推向计算机辅助制图，实现了工程设计领域的第一次革命。但是此技术对产业链的支撑作用是断点的，各个领域和环节之间没有关联，从整个产业整体看，信息化的综合应用明显不足。这种平面式的设计，无法完成对建筑工程的受力分析、材料用量计算、抗震分析等。BIM 是一种技术、一种方法、一种过程，它既包括建筑物全生命周期的信息模型，又包括建筑工程管理行为的模型，它通过将两者进行完美的结合来实现集成管理，它的出现将可能引发工程设计领域的第二次革命。

BIM 技术较传统二维 CAD 技术的优势见表 3-1。

表 3-1　BIM 技术较传统二维 CAD 技术的优势

面向对象	类别	
	CAD 技术	BIM 技术
基本元素	基本元素为点、线、面，无专业意义	基本元素，如墙、窗、门等，不但具有几何特性，同时还具有建筑物理特征和功能特征
修改图元位置或大小	需要再次画图，或者通过拉伸命令调整大小	所有图元均为参数化建筑构件，附有建筑属性；在"族"的概念下，只需要更改属性，就可以调节构件的尺寸、样式、材质、颜色等
各建筑元素间的关联性	各个建筑元素之间没有相关性	各个构件是相互关联的，例如删除一面墙，墙上的窗和门跟着自动删除；删除一扇窗，墙上原来窗的位置会自动恢复为完整的墙
建筑物整体修改	需要对建筑物各投影面依次进行人工修改	只需进行一次修改，则与之相关的平面、立面、剖面、三维视图、明细表等都自动修改
建筑信息的表达	提供的建筑信息非常有限，只能将纸质图纸电子化	包含了建筑的全部信息，不仅提供形象可视的二维和三维图纸，而且提供工程量清单、施工管理、虚拟建造、造价估算等更加丰富的信息

第 3 节　BIM 技术国内外发展状况

一、BIM 技术的发展历程

BIM 技术作为对包括工程建设行业在内的多个行业的工作流程、工作方法的一次重大思索和变革，其雏形最早可追溯到 20 世纪 70 年代。如前文所述，查克·伊士曼博士在 1975 年提出了 BIM 的概念；在 20 世纪 70 年代末至 80 年代初，英国也在进行类似 BIM 的研究与开发工作，当时，欧洲习惯把它称为"产品信息模型"（Product Information Model），而美国通常称之为"建筑产品模型"（Building Product Model）。

1986 年罗伯特·艾什（Robert Aish）在他发表的一篇论文中，第一次使用"Building Information Modeling"一词，他在这篇论文中描述了今天我们所知的 BIM 论点和实施的相关技术，并在该论文中应用 RUCAPS 建筑模型系统分析了一个案例来表达了他的概念。

21 世纪前，由于受到计算机硬件与软件水平的限制，BIM 技术仅能作为学术研究的对象，很难在工程的实际应用中发挥作用。

21 世纪以后，计算机软硬件水平的迅速发展以及对建筑生命周期的深入理解，推动了 BIM 技术的不断前进。自 2002 年 BIM 这一方法和理念被提出并推广之后，BIM 技术变革风潮便在全球范围内席卷开来。

二、BIM 技术在国外的发展状况

BIM 技术最先从美国发展起来，随着全球化的进程，已经扩展到了英国、挪威、芬兰以及日本、新加坡等国家。BIM 技术已在建筑设计、施工以及项目建成后的维护和管理等领域得到广泛应用，BIM 技术也成为国外大型设计和施工单位承接项目的必备应用技术。

（一）BIM 技术在美国的发展状况

美国是较早启动建筑业信息化研究的国家，发展至今，其对 BIM 技术的研究与应用都走在世界前列。美国工程建设行业采用 BIM 技术的比例从 2007 年的 28% 增长至 2013 年的 70% 以上（图 3-2）。美国建筑业 300 强企业中 80% 以上都应用了 BIM 技术。BIM 技术的价值得到越来越广泛的认可。

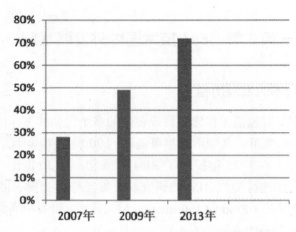

图 3-2　美国工程建设行业 BIM 技术的使用比例

目前，美国存在各种 BIM 协会，并出台了各种 BIM 标准，下面重点介绍一下支撑美国 BIM 技术发展的几大机构。

1. 美国总务署

美国总务署（GSA）负责美国所有的联邦设施的建造和运营。2003 年，美国总务署通过公共建筑服务所（PBS）下属的总建筑师办公室（OCA），发布了国家 3D-4D-BIM 项目。OCA 共完成过约 30 个项目，并为超过 100 个项目提供过 3D-4D-BIM 技术支持。3D-4D-BIM 技术具有强大的可视性、协调性、模拟性和优化性，GSA 借助这些优势在项目上可更高效地达到客户、设计、施工等各方面的要求。3D-4D-BIM 技术在 GSA 的战略规划和自身成长上占据了重要的位置。GSA 认识到 3D 的几何表达只是 BIM 技术的一部分，3D 模型在设计概念的沟通方面比 2D 绘图要强很多。所以，即使项目中不能实施 BIM 技术，至少可以采用 3D 建模技术。4D 在 3D 的基础上增加了时间维度，这对于施工工序与进度十分有用。因此，GSA 对于下属的建设项目有着更务实的流程。

GSA 要求，从 2007 年起，所有大型项目（招标级别）都需要应用 BIM 技术，最低要求是空间规划验证和最终概念展示都需要提交 BIM 模型。所有 GSA 的项目都被鼓励采用 3D-4D-BIM 技术，并且根据采用这些技术的项目承包商的应用程序不同，给予不同程度的资金支持。

2. 美国陆军工程兵团

美国陆军工程兵团（USACE）隶属于美国联邦政府和美国军队，为美国军队提供项目管理和施工管理服务。2006 年 10 月，USACE 发布了为期 15 年的 BIM 技术发展路线规划，为 USACE 采用和实施 BIM 技术制定战略规划，以提升规划、设计和施工质量及效率（图 3-3）。在规划中，USACE 承诺未来所有军事建筑项目都将使用 BIM 技术。

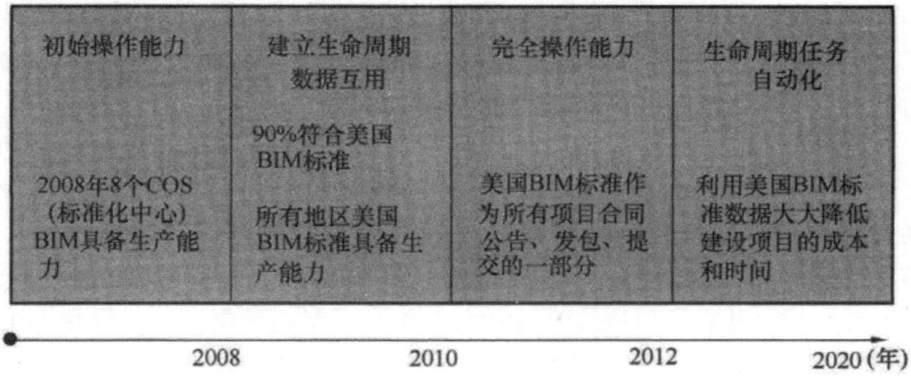

初始操作能力	建立生命周期数据互用	完全操作能力	生命周期任务自动化
2008年8个COS（标准化中心）BIM具备生产能力	90%符合美国BIM标准　　　所有地区美国BIM标准具备生产能力	美国BIM标准作为所有项目合同公告、发包、提交的一部分	利用美国BIM标准数据大大降低建设项目的成本和时间
2008	2010	2012	2020（年）

图 3-3　2006 年 USACE 的 BIM 发展规划图

其实，在发布发展路线规划之前，USACE 就已经采取了一系列的方式为 BIM 技术的应用做准备。USACE 的第一个 BIM 项目是由西雅图分区设计和管理的一项无家眷军人宿舍项目，利用本特利（Bentley）软件公司的 BIM 软件进行碰撞检查。随后 2004 年 11 月，USACE 路易维尔分区在北卡罗来纳州的一个陆军预备役训练中心项目中也使用了 BIM 技术。

3. building SMART 联盟

building SMART 联盟（bSa）是美国建筑科学研究院（NIBS）在信息资源和技术领域的一个专业委员会，成立于 2007 年，同时也是 building SMART 国际（bSI）的北美分会。

bSa 致力于 BIM 技术的推广与研究，使项目所有参与者在项目生命周期阶段能共享准确的项目信息。BIM 通过收集和共享项目信息与数据，可以有效地节约成本、减少浪费。bSa 下属的美国国家 BIM 标准项目委员会（NBIMS-US）专门负责美国国家 BIM 标准（NBIMS）的研究与制定。2007 年 12 月，NBIMS-US 发布了 NBIMS 的第一版的第一部分，主要包括关于信息交换和开发过程等方面的内容，明确了 BIM 过程和工具的各方定义、相互之间数据交换要求的明细和编码，使不同部门可以开发充分协商一致的 BIM 标准，更好地实现协同。2012 年 5 月，NBIMS-US 发布 NBIMS 的第二版内容。NBIMS 第二版的编写过程采用了一个开放投稿（各专业 BIM 标准）、民主投票决定标准的内容，因此，第二版的 NBIMS 也被称为第一份基于共识的 BIM 标准。除了 NBIMS 外，bSa 还负责其他工程建设行业信息技术标准的开发与维护。

（二）BIM 技术在英国的发展状况

与大多数国家不同，英国政府要求强制使用 BIM 技术。2011 年 6 月，英国政府发表 BIM 推动策略白皮书，宣布政府导入 BIM 的意图，要求所有政府工程皆应在 2016 年以前将合作式的 3D BIM 导入应用，以利政府资产维护管理，由此正式开启了英国建筑与营建产业迈向 BIM 时代的序幕。

英国除了政府政策外，官方组织或民间团体也积极组织各种 BIM 活动来推动 BIM 技术的发展。由英国政府组织的 BIM 工作组（BIM Task Group）则联合公共工程及英国皇家建筑师学会（RIBA）、英国营造业协会（CIC）、英国建筑研究院（BRE）、英国标准协会（BSI）等，共同推动 BIM 技术的发展和应用，并有计划地编定与 BIM 相关的一系列国家标准，如 BS1192、PAS1192-2、PAS1192-3、BS1192-4 等。此外，一些专业职业协会也积极发展与 BIM 相关的附约或组件库，如 CIC BIM Protocol 等。

英国的 BIM 技术发展策略包括：运用"推力与拉力"的策略，利用公共工程采用 BIM 技术，创造合适推展 BIM 技术的环境；同时培养技术人才，去除产业执行障碍，形成群聚效应。

（三）BIM 技术在北欧国家的发展状况

北欧国家如挪威、丹麦、瑞典和芬兰，是一些主要的建筑信息技术软件厂商所在地，因此，这些国家是全球最先一批采用基于模型设计的国家。北欧国家冬天漫长多雪，这使得建筑的预制化非常重要，同时也促进了包含丰富数据、基于模型的 BIM 技术的发展，并导致了这些国家及早地进行了 BIM 的部署。与英美两国不同，北欧四国政府并未强制要求使用 BIM 技术，但由于当地气候的要求以及先进建筑信息技术软件的推动，BIM 技术的发展主要依靠的是企业的自觉行为。

（四）BIM 技术在日本的发展状况

在日本，有"2009 年是日本的 BIM 元年"之说。大量的日本设计公司、施工企业开始应用 BIM 技术，而日本国土交通省也在 2010 年 3 月表示，已选择一项政府建设项目作为试点，探索 BIM 技术在设计可视化、信息整合方面的价值及实施流程。

2010 年秋天，日经 BP 社调研了 517 位设计院、施工企业及相关建筑行业从业人士，了解他们对 BIM 技术的认知度与应用情况。结果显示，他们对 BIM 技术的认知度从 2007 年的 30.2% 提升至 2010 年的 76.4%。2008 年的调研显示，采用 BIM 技术的最主要原因是 BIM 技术拥有绝佳的展示效果，而 2010 年人们采用 BIM 技术主要用于提升工作效率，仅有 7% 的业主要求施工企业应用 BIM 技术。这也表明日本企业应用 BIM 技术更多是企业的自身选择与需求。

日本软件业较为发达，在建筑信息技术方面也拥有较多的国产软件。日本 BIM 相关软件厂商认识到，BIM 技术需要多个软件互相配合，而数据集成是基本前提，因此多家日本 BIM 软件厂商在国际协作联盟（IAI）日本分会的支持下，以福井计算机株式会社为主导，成立了日本国国产解决方案软件联盟。

此外，日本建筑学会于 2012 年 7 月发布了日本 BIM 指南，从 BIM 团队建设、BIM 数据处理、BIM 设计流程、应用 BIM 进行预算、模拟等方面为日本的设计院和施工企业应用 BIM 技术提供了指导。

（五）BIM 技术在新加坡的发展状况

新加坡负责建筑业管理的国家机构是国家发展部下属的新加坡建设局（BCA）。

在 BIM 这一术语引进之前，新加坡当局就注意到信息技术对建筑业的重要作用。早在 1982 年，新加坡国家发展部就有了人工智能规划审批的想法。1995 年，新加坡国家发展部启动了一个名为 CORENET 的 IT 项目。该项目研制的电子计划审批系统可用于电子规划的自动审批和在线提交，是世界首创的自动化审批系统。

2011 年，BCA 发布了新加坡 BIM 发展路线规划，规划明确推动整个建筑业在 2015 年前广泛使用 BIM 技术。为了实现这一目标，BCA 分析了面临的挑战，并制定了相关策略。

清除障碍的主要策略，包括：制定 BIM 交付模板以降低从 CAD 到 BIM 的转化难度，2010 年 BCA 发布了建筑和结构的模板，2011 年 4 月发布了机械和电气（M&E）的模板；另外，与新加坡智慧建筑（building SMART）分会合作，制定建筑与设计对象库，并明确在 2012 年以前合作确定发布项目协作指南。

为了鼓励早期的 BIM 应用者，BCA 于 2010 年成立了一个 600 万新元的 BIM 基金项目，任何企业都可以申请。基金分为企业层级和项目协作层级。公司层级最多可申请 20000 新元，用以补贴培训、软件、硬件及人工成本；项目协作层级需要至少 2 家公司的 BIM 协作，每家公司、每个主要专业最多可申请 35000 新元，用以补贴培训、咨询、软件及硬件和人力成本。同时，申请的企业必须派员工参加 BCA 学院组织的 BIM 建模 / 管理技能课程。

在创造需求方面，新加坡决定政府部门必须带头在所有新建项目中明确提出 BIM 需求。2011 年，BCA 与一些政府部门合作确立了示范项目。BCA 将强制要求提交建筑 BIM 模型（2013 年起）、结构与机电 BIM 模型（2014 年起），并且最终在 2015 年前实现所有建筑面积大于 5000 平方米的项目都必须提交 BIM 模型的目标。

BCA 鼓励新加坡的大学开设 BIM 课程、为毕业学生组织密集的 BIM 培训课程、为行业专业人士设立 BIM 专业学位。新加坡 BIM 发展策略如图 3-4 所示。

图 3-4　新加坡 BIM 发展策略

二、BIM 技术在国内的发展状况

BIM 技术最早于 2002 年引入我国工程建设行业，正式进入国内可以追溯到 2004 年。之后，随着我国"十五"科技攻关计划及"十一五"科技支撑计划的开展， BIM 技术开始应用于部分示范工程。自 2006 年奥运场馆项目尝试使用 BIM 开始，BIM 开始引起国内设计行业的重视。特别是 2009 年以来，BIM 在设计企业中的应用得到快速发展。

2010 年与 2011 年，中国房地产业协会商业地产专业委员会、中国建筑业协会工程建设质量管理分会、中国建筑学会工程管理研究分会、中国土木工程学会计算机应用分会组织并发布的《中国商业地产 BIM 应用研究报告 2010》和《中国工程建设 BIM 应用研究报告 2011》，在一定程度上反映了 BIM 在我国工程建设行业的发展现状（图 3-5）。根据报告，我国单位对 BIM 的知晓程度从 2010 年的 60% 提升至 2011 年的 87%。2011 年，共有 39% 的单位表示已经使用了 BIM 相关软件，而其中以设计单位居多。

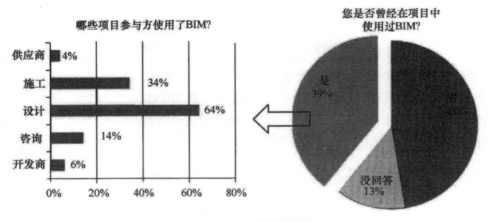

图 3-5　BIM 使用调查图

十二五开局之年，住房城乡建设部发布了《2011—2015 年建筑业信息化发展纲要》，将"加快建筑信息模型（BIM）、基于网络的协同工作等新技术在工程中的应用"列入总体目标，确立了大力发展 BIM 技术的基调。

从 2013、2014 年开始，BIM 技术在我国进入了一个快速发展的时期。最关键的是，住建部在 2015 年 6 月 16 日发布的《关于推进建筑信息模型应用的指导意见》中提出：到 2020 年末，就企业而言，甲级的勘察设计院和特级一级的房屋建筑施工企业必须具备 BIM 的集成应用能力；就项目而言，90% 的政府投资项目要使用 BIM。这个指导意见对 BIM 技术的发展具有相当大的扶持力度，等同于将 BIM 技术从一个推荐性的技术变成一个强制性的标准。但是目前我国 BIM 技术渗透率仍不足 40%，且主要应用在建筑面积大于 2 万 m^2 的建筑和政府投资项目。

中国建筑业协会、广联达科技股份有限公司联合发布了《中国建筑业企业 BIM 应用分析报告（2019）》。报告对国内 868 家施工企业进行了调研，因此可以用来反映客户需求变化与市场动向。在历次调研中，特级企业占比均超过 50%，特级和一级企业占比超过 90%，可以比较真实地反映中国龙头施工企业的 BIM 技术应用情况。

虽然 BIM 技术在国内看似遍地开花，但是在国内设计、施工行业中 BIM 技术应用的高水平项目数量和应用深度、广度、水平依然有限。一项新技术在其发展与普及过程中往往会遇到种种阻碍，需要各方放缓脚步，冷静反思与积极应对，BIM 技术也不例外。

总体而言，国内 BIM 技术的应用现状有如下特点：①大型企业已接触或应用 BIM 技术，但各企业中的人员普及率仍然较低；②BIM 技术推广具有很大的地域性，发达城市推广普及度较高，二、三线城市则很少受到关注；③ BIM 理念在理解上仍有偏差；④政府项目和大型项目业主开始关注 BIM 技术，开始尝试要求在设计和施工中使用 BIM 技术；⑤在设计和施工方面，已经有不少项目对 BIM 技术开展了实质性的应用。

BIM 技术能够让承包商和业主运营商有权访问关键的设计数据，并可使用该数据来提高施工和运营流程的效率。相信在我国建筑业整体努力之下，BIM 技术必将在工程建设上有更大的发挥空间。

第4章 BIM 建模及应用软件

第1节 BIM 与模型

一、信息模型与数据模型

（一）信息的三种世界及其关系

将客观事物抽象为数据模型，是一个逐步转化的过程，该过程需经历现实世界、信息世界和计算机世界三个不同的世界，如图4-1所示。

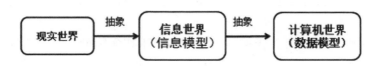

图4-1 数据抽象过程

现实世界是指客观存在的事物及其相互间的联系，人们一般选择事物的基本特征来描述事物。事物可以是抽象的，也可以是具体的，信息世界是对现实世界的抽象，人们把事物的特征和状况通过符号记录下来，并用规范化的语言描述现实世界的事物，从而构成一个基于现实世界的信息世界，这个信息世界就是概念模型。概念模型主要用来描述现实世界的概念化结构，它使数据库的设计人员在设计的初始阶段，摆脱计算机系统及数据库管理系统的具体技术问题，集中精力分析数据以及数据之间的联系。在概念模型中，最常用的设计模型就是实体－联系模型（E-R 模型）。信息世界的概念模型还不能被数据库管理系统直接使用，需要将概念模型进一步转换为逻辑数据模型，形成便于计算机处理的数据形式。逻辑数据模型是具体的数据库管理系统所支持的数据模型，主要包括关系数据模型、层次数据模型和网状数据模型。

（二）信息模型与数据模型的定义及描述

1. 信息模型

信息模型，也叫概念模型，它是面向对象分析的基础。它主要描述三个内容：对象、对象属性和对象之间的关系。对象之间存在一定的关系，关系是以属性的形式表现的。信息模型用两种基本的形式描述：一种是文本说明形式，包括对系统中所有的对象、关系的描述与说明；另一种是图形表示形式，它提供一种全局的观点，考虑系统中的相干性、完全性和一致性。

信息模型，是一种用来定义信息常规表示方式的方法。通过使用信息模型，我们可以使用不同的应用程序对所管理的数据进行重用、变更以及分享。使用信息模型的意义不仅在于对对象的建模，同时也在于对对象间相关性的描述。除此之外，建模的对象描述了系统中不同的实体及其行为以及它们之间（系统间）数据流动的方式。这些将帮助我们更好地理解系统。对于开发者以及厂商来说，信息模型提供了必要的通用语言来表示对象的特性以及一些功能，以便进行更有效的交流。

信息模型的建立应关注建模对象的一些重要的、不变的且具有共性的性质，而对象间的一些不同的性质（比如说一些厂商特定的性质）可以通过对通用模型框架的扩展来进行描述。如果缺少信息建模，对一个新对象的描述将会增加很多重复的工作。

建立一个放之四海而皆准的信息模型是不切实际的，因为不同对象间性质的区别较大，需要不同领域的专家知识。因此，在多数情况下，信息模型是以层的形式来表示的。层化的信息模型包括一个用来支持不同领域信息的通用框架。

2. 数据模型

数据模型是数据库设计中用来对现实世界进行抽象的工具，是数据库中用于提供信息表示和操作手段的形式构架。数据模型是数据库系统的核心和基础。

数据模型所描述的内容包括三个部分，即数据结构、数据操作和数据约束。

①数据结构：数据模型中的数据结构主要描述数据的类型、内容、性质以及数据间的联系等。数据结构是数据模型的基础，数据操作和数据约束都建立在数据结构上。不同的数据结构具有不同的操作和约束。

②数据操作：数据模型中的数据操作主要描述在相应数据结构上的操作类型和操作方式。

③数据约束：数据模型中的数据约束主要描述数据结构内数据间的语法、

词义联系、它们之间的制约和依存关系，以及数据动态变化的规则，以保证数据的正确、有效和相容。

数据发展过程中产生过三种基本的数据模型，它们是层次模型、网状模型和关系模型。这三种模型是按其数据结构而命名的。前两种采用格式化的结构。在这类结构中实体用记录型表示，而记录型抽象为图的顶点。记录型之间的联系抽象为顶点间的连接弧。整个数据结构与图相对应。其中层次模型的基本结构是树形结构；网状模型的基本结构是一个不加任何限制条件的无向图。关系模型为非格式化的结构，用单一的二维表的结构表示实体及实体之间的联系，关系模型是目前数据库中常用的数据模型。

数据模型应满足三方面要求：一是能较好地模拟现实世界；二是容易为人所理解；三是便于在计算机中实现。一种数据模型要同时很好地、全面地满足这三方面要求目前还很困难。因此，在数据库系统中针对不同的使用对象和应用目的，应采用不同的数据模型。

二、产品信息模型

产品是企业生产活动的源头及终结。产品的信息模型简单来讲就是反映产品信息系统的概况，是对产品的形状、功能技术、制造和管理等信息的抽象理解和表示。产品信息包括：产品定义知识；与产品定义相关的过程知识；制造、装配过程中与产品开发过程相关的知识；产品检验使用及维护的知识；等等。因此，产品信息模型从其完备意义上来说应包含两个相关的方面：产品数据模型和过程链。产品数据模型是按一定形式组织的产品数据结构。它能够完整提供产品数据各应用领域所要求的产品信息，也就是说产品数据模型将覆盖产品生命周期各环节所需要的信息。过程链是指产品开发工作流程，包括一系列从原始思想到最终产品的技术和管理功能，它反映了产品周期的所有行为。

（一）产品全生命周期信息模型

产品全生命周期信息模型是基于信息理论和计算机技术，以一定的数据模式定义和描述在产品开发设计、工艺规划、加工制造、检验装配、销售维护直至产品消亡的整个生命周期中关于产品的数据内容活动过程及数据联系的一种信息模型。它由各活动的定义及其全部各个阶段和各个部门提供服务。产品全生命周期信息模型将整个产品开发活动和过程视为一个有机整体，所有的活动和过程都要围绕一个统一的产品模型来协调进行。

（二）产品生命周期模型

产品生命周期是指从产品的构思开始，经历设计制造、市场销售、使用和报废的连续时间过程。由于产品开发和使用过程十分复杂，不可能采用一个模型来描述产品生命周期，必须采用一组模型分阶段和方面进行描述。产品生命周期模型所涉及的要素可以分为四个层次：组织要素、应用服务要素、信息要素和概念要素（图4-2）。产品生命周期模型必须满足全部用户（如销售员、设计工程师和质量检验员等）对产品数据获取和处理的要求。

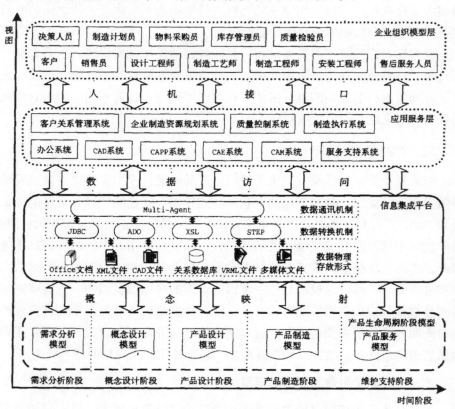

图4-2　产品生命周期模型框架

（三）产品生命周期各阶段模型

我们宏观上将产品生命周期划分为五个阶段：需求分析阶段、概念设计阶段、产品设计阶段、产品制造阶段和维护支持阶段。按照所划分的阶段，我们建立需求分析模型、概念设计模型、产品设计模型、产品制造模型和产品服务模型，同时需要有机地实现各阶段模型之间的转换和集成。

1. 需求分析模型

产品建模总是从客户需求模型或概念模型开始的。由于客户需求一般用口头语言、文字或草图描述，因此，获取、表达、分析客户需求信息成为建立需求分析模型应解决的主要问题。

由于 XML 在结构化文档处理和集成方面的优越性，基于 XML 的需求分析模型可以结构化地表达客户需求等信息，同时支持对需求信息的评价、分析和完善。需求分析模型的作用在于可以实现产品信息从客户角度向设计者角度的转换，借助质量功能展开（QFD）法将客户需求转化成相应的面向设计制造等环节的工程技术需求。

2. 概念设计模型

概念设计模型分为四部分。第一部分主要描述产品概念设计参数，如产品的工作原理、功能、性能和外观等；第二部分描述产品的概念结构，如关键的装配件、零件、装配关系等；第三部分体现了产品开发和使用对环境的影响；第四部分描述了所应用的方法和产品的成本信息。

3. 产品设计模型

产品设计模型用于表现产品设计的结果。它应包括产品的几何图形描述、文本描述，并应建立几何实体和文本实体之间的关联。作为产品生命周期中的核心模型，产品设计模型的主要任务是将概念产品转化成设计方案。在此阶段，一般采用面向对象的语言（UML 或 EXPRESS 等）建立产品设计模型。

概念设计模型描述了产品的成本信息，其后继模型（产品设计模型）继承了成本信息，并进一步体现了成本规划信息，使得企业准确地了解产品生命周期中各种业务活动的费用和资源消耗。成本信息可以帮助企业提升利润空间和市场竞争力。

4. 产品制造模型

在产品的制造过程中，原材料经过加工成为零件，并与采购的标准件、外协厂家的零部件等装配形成产品。产品制造模型是在产品设计模型的基础上，添加相应的产品制造信息，支持工艺规划、资源配置、生产计划、库存管理、加工装配等活动。

产品设计模型体现了产品功能需求对零件结构的制约，同样，在产品制造模型中，产品的功能需求体现于零件的具体几何结构，特别是零件间的连接和装配关系。装配工艺可以采用两种方式，即自底向上和自顶向下两种方式。

5. 产品服务模型

产品服务的内容主要包括交付前服务、运行维护和回收处理。产品服务模型应包括四部分信息：客户信息、产品交付信息、产品运行维护信息和回收处理信息。客户信息主要包括客户数据、合同信息、使用人员信息和培训信息等。客户信息可以支持产品的销售工作。产品交付信息主要包括产品运输数据、产品安装数据、产品交付状态、客户验收意见和技术手册等。产品交付信息的初始来源是产品制造模型，同时附加了产品安装信息。产品运行维护信息主要包括产品运行状况、故障记录、维修记录和技术支持等。回收处理信息主要包括报废处理单、拆卸工艺和材料分解工艺等。

三、专业分析模型

提起专业分析模型，大家也许不会陌生。我们在大学里接触到的力学模型就是一种典型的专业分析模型。

在实际问题中，力学的研究对象（物体）往往是十分复杂的，因此在研究问题时，需要抓住那些主要因素，而略去影响不大的次要因素，同时引入一些理想化的模型来代替实际的物体，这个理想化的模型就是力学模型。理论力学中的力学模型有质点、质点系、刚体和刚体系。

①质点：具有质量而其几何尺寸可忽略不计的物体。

②质点系：由若干个质点组成的系统。

③刚体：一种特殊的质点系，该质点系中任意两点间的距离保持不变。

④刚体系：由若干个刚体组成的系统。

对于同一个研究对象，由于研究问题的侧重点不同，其力学模型也会有所不同。要得到一个与实际结构动力学特性符合较好的模型，可以从两个途径来解决这个问题：一个途径是用理论分析（如有限元素法）建立模型，再用实测数据进行模型修正，称为结构动态修改或动力学模型修正；另一个途径是仅用测试数据，以参数模型为依据求得物理坐标下表征结构动态特性的质量、刚度、阻尼矩阵，即所谓物理参数识别问题。

由此可见，在建设工程各技术领域，应以专业分析模型为本、信息模型为末，不可因 BIM 而舍本逐末，更不可以 BIM 为本；在建设工程各管理领域，应以传统管理流程模型为本，BIM 应用为末，不可因 BIM 应用而本末颠倒；对于广大工程技术与管理人员，应以专业及管理技能为重，信息技术为轻，切不可因 BIM 而轻重倒置。

四、BIM 模型的数据库结构

（一）数据库的体系结构

数据库的体系结构分为三级：外部级、概念级和内部级（图 4-3）。数据库的体系结构，有时亦称为三级模式结构或数据抽象的三个级别。虽然现在DBMS 的产品多种多样，在不同的操作系统下工作，但大多数系统在总的体系结构上都具有三级模式结构的特征。从某个角度看到的数据特性，称为数据视图（Data View）。

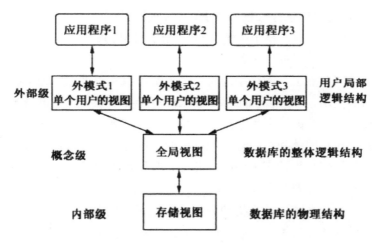

图 4-3　数据库的三级模式结构

外部级最接近用户，是单个用户所能看到的数据特性，单个用户使用的数据视图的描述称为外模式。概念级涉及所有用户的数据定义，也就是全局性的数据视图，全局数据视图的描述称为概念模式。内部级最接近于物理存储设备，涉及物理数据存储的结构，物理存储数据视图的描述称为内模式。

数据库的三级模式结构是对数据的三个抽象级别。它把数据的具体组织留给 DBMS 去做，用户只要抽象地处理数据，而不必关心数据在计算机中的表示和存储，这样就减轻了用户使用系统的负担。

（二）BIM 模型的数据库系统结构

从最终用户角度来看，数据库系统结构可分为单用户结构、主从式结构、分布式结构和客户 / 服务器结构四类。

单用户结构是一种早期的最简单的数据库系统结构。在这种结构中，整个数据库系统（包括应用程序、DBMS、数据）都装在一台计算机上，由一个用户独占，不同机器之间不能共享数据。例如，一个企业的各个部门都使用本部门的机器来管理本部门的数据，各个部门的机器是独立的。由于不同部门之间不能共享数据，因此企业内部存在大量的冗余数据。例如，人事部门、会计部门、技术部门必须重复存放每一名职工的一些基本信息（职工号、姓名等）。

主从式结构是指一个主机带多个终端的多用户结构。在这种结构中，数据库系统（包括应用程序、DBMS、数据）都集中存放在主机上，所有处理任务都由主机来完成，各个用户通过主机的终端并发地存取数据库，共享数据资源。主从式结构的优点是简单，数据易于管理与维护。缺点是当终端用户数目增加到一定程度后，主机的任务会过分繁重，成为瓶颈，从而使系统性能大幅度下降。另外当主机出现故障时，整个系统都不能使用，因此系统的可靠性不高。

分布式结构是指数据库中的数据在逻辑上是一个整体，但物理地分布在计算机网络的不同节点上。网络中的每个节点都可以独立处理本地数据库中的数据，执行局部应用，也可以同时存取和处理多个异地数据库中的数据，执行全局应用。分布式结构的数据库系统是计算机网络发展的必然产物，它适应了地理上分散的公司、团体和组织对于数据库应用的需求。但数据的分布存放，给数据的处理、管理与维护带来困难。此外，当用户需要经常访问远程数据时，系统效率会明显地受到网络交通的制约。

主从式数据库系统中的主机和分布式数据库系统中的每个节点机是一个通用计算机，既执行 DBMS 功能又执行应用程序。随着工作站功能的增强和广泛使用，人们开始把 DBMS 功能和应用分开。网络中某个（些）节点上的计算机专门用于执行 DBMS 功能，称为数据库服务器，简称服务器；其他节点上的计算机安装 DBMS 的外围应用开发工具，支持用户的应用，称为客户机。这就是客户/服务器结构的数据库系统。

在客户/服务器结构中，客户端的用户请求被传送到数据库服务器，数据库服务器处理后，只将结果返回给用户（而不是整个数据），从而显著减少了网络上的数据传输量，提高了系统的性能、吞吐量和负载能力。客户与服务器一般都能在多种不同的硬件和软件平台上运行，可以使用不同厂商的数据库应用开发工具，应用程序具有更强的可移植性，同时也可以减少软件维护开销。客户/服务器数据库系统可以分为集中的服务器结构和分布的服务器结构。前者在网络中仅有一台数据库服务器，而客户服务器有多台。后者在网络中有多台数据库服务器。

第 2 节　BIM 建模流程与精度

一、BIM 建模流程

　　BIM 是通过计算机三维模型所形成的数据库，包含建筑生命周期中大量重要的信息数据。BIM 能够在综合数字环境中保持信息不断更新并可提供访问，工程师、施工人员以及业主可以清楚全面地了解项目，并可以及时准确地调用系统数据库中包含的相关数据。BIM 建模主要有 5 个步骤，如图 4-4 所示。

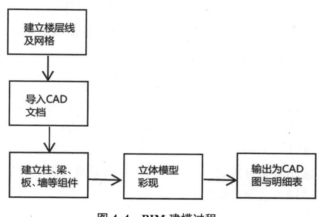

图 4-4　BIM 建模过程

（一）建立楼层线及网格

　　建筑师绘制建筑设计图、施工图时，网格以及楼层为其重要的依据，放样、柱位判断都需要依赖网格才能让现场施工人员找到基地上的正确位置。楼层线则为表达楼层高度的依据，同时也描述了梁位置、墙高度以及楼板位置，建筑师的设计大多将楼板与梁设计在楼层线的下方，而墙则位于梁或楼板的下方。若没有楼层线，现场施工人员对于梁的位置、楼板位置以及墙高度的判断会很困难。因此绘图的第一步，就是在图面上建立网格以及楼层线。

（二）导入 CAD 文档

　　将 CAD 文档导入软件可方便下一步建立柱梁板墙时直接点选图面或按图绘制使用。但在导入 CAD 文档时应注意单位以及网格线是否与 CAD 图相符。

（三）绘制柱、梁、板、墙等构件

　　将柱、梁、板、墙等构件依图面放置到模型上，依构件的不同类型选取相符的模型样式进行绘制工作。柱与梁应依其位置放置在网格线上，便于日后如果有梁柱位置移动时，方便一并修正。柱与梁建构完成后，即可绘制楼板、墙、楼梯、门、窗与栏杆等构件。

（四）立体模型彩现

彩现图为可视化沟通的重要工具，建筑师与业主讨论其设计时，利用三维模型可与业主讨论建筑物外形、空间意象以及建筑师的设计是否达成业主需求等内容。然而三维模型在建构时，常为了减少计算机资源消耗以及模型控制的便利，而采用较为简易的示意方式，并无表示实际材质于三维模型上。建筑信息模型可于三维模型上贴附材质，虽在绘图模式中并未显示，但可利用其彩现功能，计算表面材质与光影变化，这可使业主能更清楚地了解建筑的建筑外观。

（五）输出为 CAD 图与明细表

目前在新加坡等 BIM 应用较早的国家，其建管单位已经能接受建筑师缴交三维建筑信息模型作为审图的依据，然而在我国国内并无类似制度，建筑师缴交资料给建管单位审核时，仍以传统图纸或 CAD 图为主，因此建筑信息模型是否能够输出为 CAD 图使用，则是重要的一环。三维建筑信息模型除各式图面外，也能输出数量计算表，方便设计者进行数量计算。日后倘若发生变更设计时，数量明细表也能自动改变。

二、BIM 建模精度

（一）LOD 理论

虚拟现实中场景的生成对实时性要求很高，LOD 技术是一种有效的图形生成加速方法。1976 年，克拉克提出了细节层次（Levels of Detail，简称 LOD）模型的概念，他认为当物体覆盖屏幕较小区域时，可以使用较粗糙的 LOD 模型来绘制，并给出了一个用于可见面判定算法的几何层次模型，以便对复杂场景进行快速绘制。1982 年，鲁宾（Rubin）结合光线跟踪算法，提出了用复杂场景的层次表示算法及相关的绘制算法，从而使计算机能以较少的时间绘制复杂场景。20 世纪 90 年代初，图形学方向上派生出虚拟现实和科学计算可视化等新研究领域。考虑到虚拟现实和交互式可视化等交互式图形应用系统要求图形生成速度达到实时的效果，而计算机所提供的计算能力往往不能满足复杂三维场景的实时绘制要求，因而研究人员提出了多种图形生成加速方法，LOD 模型则是其中一种主要的方法。近几年在全世界范围内形成了对 LOD 技术的研究热潮，并且取得了很多有意义的研究结果。

　　LOD 技术可以在不影响画面视觉效果的条件下，通过逐次简化景物的表面细节来减少场景的几何复杂性，从而提高绘制算法的效率。该技术通常对每一原始多面体模型建立几个不同逼近精度的几何模型。与原模型相比，每个模型均保留了一定层次的细节。在绘制时，根据不同的标准选择适当的层次模型来表示物体。LOD 技术具有广泛的应用领域。目前在实时图像通信、交互式可视化、虚拟现实、地形表示、飞行模拟、碰撞检测、限时图形绘制等领域都得到了应用，已经成为一项非常重要的技术。很多造型软件和虚拟现实开发系统都开始支持 LOD 模型。

（二）BIM 模型精度

　　BIM 模型精度就是 LOD 等级，它描述了模型的细致程度。BIM 模型精度描述了一个 BIM 模型构件单元从最低级的近似概念化的程度发展到最高级的演示级精度的步骤。

　　美国建筑师协会（AIA）为了规范 BIM 参与各方及项目各阶段的界限，在其 2008 年的文档 E202 中定义了 BIM 模型精度的概念。这一定义可以根据模型的具体用途进行进一步的发展。

　　BIM 模型精度的定义可以用于两种途径：确定模型阶段输出结果以及分配建模任务。

　　1. 模型阶段输出结果

　　随着设计的进行，不同的模型构件单元会以不同的速度从一个 LOD 等级提升到下一个等级。例如，在传统的项目设计中，大多数的构件单元在施工图设计阶段完成时需要达到 LOD300 等级，同时在施工阶段中的深化施工图设计阶段大多数构件单元会达到 LOD400 等级。但是有一些单元，如墙面粉刷，永远不会超过 LOD100 等级，即粉刷层实际上是不需要建模的，它的造价以及其他属性都附着于相应的墙体中。

　　2. 任务分配

　　在三维表现之外，一个 BIM 模型构件单元能包含非常大量的信息，这个信息可能是由多方来提供的。例如，一面三维的墙体或许是建筑师创建的，但是总承包方要提供造价信息，暖通空调工程师要提供传热系数和保温层信息，以及隔声承包商要提供隔声值的信息等。

　　为了解决信息输入多样性的问题，美国建筑师协会文件委员会提出了"模型单元作者"（MCA）的概念，该作者需要负责创建三维构件单元，但是并不一定需要为该构件单元添加其他非本专业的信息。LOD 被定义为 5 个等级，从概念设计到竣工设计，已经足够来定义整个模型过程。但是，为了给未来可能会插入的等级预留空间，定义 LOD 为 100 ～ 500。具体的等级划分如表 4-1 所示。

表 4-1 LOD 的等级划分

LOD 等级	定义
LOD 100	该等级等同于概念设计，此阶段的模型通常为表现建筑整体类型分析的建筑体量，分析包括体积，建筑朝向，每平方造价等等
LOD 200	该等级等同于方案设计或扩初设计，此阶段的模型包含了普遍性系统包括的大致数量、大小、形状、位置以及方向等信息
LOD 300	该等级等同于传统施工图和深化施工图层次。此阶段模型应当包括业主在 BIM 提交标准里规定的构件属性和参数等信息，模型已经能够很好地用于成本估算以及施工协调（包括碰撞检查、施工进度计划以及可视化）
LOD 400	此阶段的模型可以用于模型单元的加工和安装，如被专门的承包商和制造商用于加工和制造项目构件
LOD 500	该阶段的模型表现的是项目竣工的情形。模型将包含业主 BIM 提交说明里制定的完整的构件参数和属性。模型将作为中心数据库整合到建筑运营和维护系统中去

在 BIM 实际应用中，我们的首要任务就是根据项目的不同阶段以及项目的具体目的来确定 LOD 的等级，根据不同等级所概括的模型精度要求来确定建模精度。可以说，LOD 让 BIM 应用有据可循。当然，在实际应用中，根据项目具体目的的不同，对 LOD 等级的划分做适当的调整也是无可厚非的。LOD 在各阶段的发展，如图 4-5 所示。

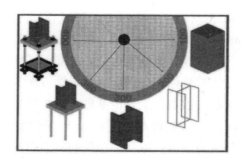

图 4-5　LOD 在各阶段的发展

第 3 节　BIM 应用软件的分类

一、BIM 应用软件的发展阶段

时至今日，计算机技术与建筑设计的结合已从"计算机辅助建筑设计"（CAAD）转向"计算机智能建筑设计"（CIAD）。时下流行的 BIM 技术，可以在计算机辅助建筑设计软件的基础上为建筑项目从策划设计到运行维护的整个生命周期提供有力支持。因此，BIM 技术的发展离不开计算机辅助建筑设计软件的发展。

（一）准备和诞生阶段

1950 年，美国麻省理工学院采用阴极射线管研制成功的图形显示终端实现了图形的屏幕显示，从此结束了计算机只能处理字符数据的历史，并在此基础上，孕育出一门新兴学科——计算机图形学。"计算机辅助设计"（CAD）这一概念的提出最早可以追溯至美国现代科幻小说之父罗伯特·海因莱因于 1956 年创作的一部作品《进入盛夏之门》（*The Door into Summer*）。他在书中预言了计算机辅助设计系统，提出了"绘图机器人"（Drafting Dan）的设想。1958 年，美国的埃勒贝建筑师联合事务所（Ellerbe Associates）装置了一台 Bendix G15 电子计算机，进行了将电子计算机运用于建筑设计的首次尝试。

（二）蓬勃发展和进入应用阶段

20 世纪 60 年代是信息技术应用在建筑设计领域的起步阶段。在该阶段，第三代计算机在硬件方面采用了中、小规模集成电路（MSI、SSI），在软件方面出现了分时操作系统以及结构化、规模化程序设计方法。应用领域开始进入文字处理和图形图像处理领域。1963 年，美国麻省理工学院的博士研究生伊凡·萨瑟兰（Ivan Sutherland）发表了他的博士学位论文《Sketchpad：一个人机通信的图形系统》，并在计算机的图形终端上实现了用光笔绘制、修改图形和图形的缩放。这项工作被公认为是计算机图形学方面的开创性工作，也为以后计算机辅助设计技术的发展奠定了理论基础。当时比较有名的计算机辅助建筑设计系统首推索德（Souder）和克拉克（Clark）研制的 Coplanner 系统，该系统可用于估算医院的交通问题，以改进医院的平面布局。当时的计算机辅助建筑设计系统应用的计算机为大型机，体积庞大，图形显示以刷新式显示器为基础，绘图和数据库管理的软件比较原始，功能有限，价格也十分昂贵。设计系统的应用者很少，整个建筑界仍然使用"趴图板"方式搞建筑设计。作为计算机辅助建筑设计技术的基础，计算机图形学在这一时期得到了很快的发展。

（三）广泛应用阶段

20 世纪 70 年代，交互式计算机图形处理技术日趋成熟，在此期间出现了大量的研究成果，计算机绘图技术也得到了广泛的应用。随着 DEC 公司的 PDP 系列 16 位计算机问世，计算机的性价比大幅度提高，这大大推动了计算机辅助建筑设计的发展。美国波士顿出现了第一个商业化的计算机辅助建筑设计系统——ARK-2，该系统运行在 PDP15/20 计算机上，可以进行建筑方面的可行性研究、规划设计、平面图及施工图设计、技术指标及设计说明的编制等。这时出现的计算机辅助建筑设计系统以专用型的系统为多，同时还有一些通用型的计算机辅助建筑设计系统。

这一阶段计算机辅助建筑设计系统的图形技术仍以二维为主，用传统的平面图、立面图、剖面图来表达建筑设计，以图纸为媒介进行技术交流。

（四）日趋成熟阶段

20 世纪 80 年代对信息技术发展影响最大的是微型计算机的出现，由于微型计算机的价格已经降到人们可以承受的程度，建筑师们将设计工作由大型机转移到微机上。基于 16 位微机开发的一系列设计软件系统就是在这样的环境下出现的，AutoCAD、ArchiCAD 等软件都是应用于 16 位微型计算机上的具有代表性的软件。

（五）高速发展阶段

20 世纪 90 年代至今是计算机技术高速发展的年代，其特征技术包括高速而且功能强大的 CPU 芯片、高质量的光栅图形显示器、海量存储器、面向对象技术等。随着建筑业的发展趋势以及项目各参与方对工程项目新的更高的需求日益增加，BIM 技术的应用已成为建筑行业发展的趋势，各种 BIM 应用软件随即应运而生。

二、BIM 应用软件的分类

BIM 应用软件即支持 BIM 技术应用的软件。一般来讲，它应该具备以下 4个特征，即面向对象、基于三维几何模型、包含其他信息和支持开放式标准。

查克·伊士曼等将 BIM 应用软件按其功能分为三大类，即 BIM 环境软件、BIM 平台软件和 BIM 工具软件。在日常工作中，我们习惯将其分为 BIM 基础软件、BIM 工具软件和 BIM 平台软件。

（一）BIM 基础软件

BIM 基础软件是指可用于建立能为多个 BIM 应用软件所使用的 BIM 数据的软件。例如，基于 BIM 技术的建筑设计软件可用于建立建筑设计 BIM 数据，且该数据能被用在基于 BIM 技术的能耗分析软件、日照分析软件等 BIM 应用软件中。除此以外，基于 BIM 技术的结构设计软件及设备设计（MEP）软件也包含在这一大类中。在传统二维设计中，建筑的平、立、剖面图分开进行设计往往存在不一致的情况，同时，其设计结果是线条形式，计算机无法进行进一步的处理。BIM 基础软件改变了这种情况，它通过三维技术确保只存在一份模型，使平、立、剖面图都是三维模型的视图，解决了平、立、剖面不一致的问题，同时，其三维构件也可以通过三维数据交换标准被后续 BIM 应用软件应用。

目前实际使用的过程中这类软件有很多，如美国欧特克（Autodesk）公司的 Revit 系列软件和匈牙利图软（Graphisoft）公司的 ArchiCAD 软件等。

1. BIM 概念设计软件

BIM 概念设计软件用在设计初期，它能在充分理解业主设计任务书和分析业主的具体要求及方案意图的基础上，将业主设计任务书里面基于数字的项目要求转化成基于几何形体的建筑方案，此方案可用于业主和设计师之间的沟通和方案研究论证。论证后的成果可以转换到 BIM 核心建模软件里面进行设计深化，并继续验证所设计的方案能否满足业主的要求。目前主要的 BIM 概念设计软件有 SketchUp Pro 和 Affinity 等。

SketchUp 是诞生于 2000 年的 3D 设计软件，因其上手快速，操作简单而被誉为电子设计中的"铅笔"。2006 年，谷歌（Google）公司将其收购后推出了更为专业的版本 SketchUp Pro，它能够快速创建精确的 3D 建筑模型，为业主和设计师提供设计、施工验证和流线、角度分析，方便业主与设计师之间的交流协作。

Affinity 是一款注重建筑程序和原理图设计的 3D 设计软件，它能够在设计初期通过 BIM 技术将时间和空间相结合的设计理念融入建筑方案的每一个设计阶段中，并结合精确的 2D 绘图和灵活的 3D 模型技术，创建出令业主满意的建筑方案。

其他的概念设计软件还有 Tekla Structure 和 5D 概念设计软件 Vico Office 等。

2. BIM 核心建模软件

BIM 核心建模软件的英文为"BIM Authoring Software"，是 BIM 应用的基础，也是在 BIM 的应用过程中碰到的第一类 BIM 软件，简称"BIM 建模软件"。

BIM 建模软件公司主要有欧特克、奔特力（Bentley）、图软以及达索（Dassault）公司等。各自旗下的软件如表 4-2 所示。

表 4-2　主要 BIM 建模软件公司及软件

公司	欧特克	奔特力	图软	达索
	Revit Architecture	Bentley Architecture	ArchiCAD	Digital Project
软件	Revit Structural	Bentley Structural	AIIPLAN	CATIA
	Revit MEP	Bentley Building Mechanical	Vectorworks	—

①欧特克公司的 Revit 系列软件是运用不同的代码库及文件结构区别于 AutoCAD 软件的独立软件平台。Revit 系列软件采用全面创新的 BIM 概念，可进行自由形状建模和参数化设计，并且还能够对早期设计进行分析。欧特克公司的 Revit 建筑、结构和机电系列软件，在民用建筑市场借助 AutoCAD 软件的天然优势，有相当不错的市场表现。

② 奔特力公司的 Bentley Architecture 软件是集直觉式用户体验交互界面、概念及方案设计功能，灵活便捷的 2D/3D 工作流建模及制图工具，宽泛的数据组及标准组件库定制技术于一身的 BIM 建模软件，是 BIM 应用程序集成套件的一部分，可针对项目的整个生命周期提供设计、工程管理、分析、施工与运营之间的无缝集成。Bentley 产品在工厂设计（石油、化工、电力、医药等）

和基础设施（道路、桥梁、市政、水利等）领域有无可争辩的优势。

③ 2007 年，德国内梅切克（Nemetschek）公司收购图软公司以后，ArchiCAD、AIIPLAN、Vectorworks 三个产品就被归到同一个公司里。在国内最熟悉的是 ArchiCAD 软件，它属于一个面向全球市场的产品，应该可以说是最早的一个具有市场影响力的 BIM 建模软件，但是在中国由于其专业配套的功能（仅限于建筑专业）与多专业一体的设计院体制不匹配，很难实现业务突破。

④达索公司的 CATIA 是全球最高端的机械设计制造软件，在航空、航天、汽车等领域具有接近垄断的市场地位，应用到工程建设行业，无论是对复杂形体，还是超大规模建筑，其建模能力、表现能力和信息管理能力都比传统建筑类软件有明显优势，而与工程建设行业的项目特点和人员特点的对接问题则是其不足之处。

因此，对一个项目或企业 BIM 核心建模软件技术路线的确定，可以考虑如下基本原则：

①民用建筑用欧特克的 Revit 系列软件；

②工厂设计和基础设施用 Bentley 系列软件；

③单专业建筑事务所选择 Revit、Bentley 系列软件和 ArchiCAD 软件都可以；

④项目完全异形、预算比较充裕的可以选择 Digital Project 软件或 CATIA 软件。

（二）BIM 工具软件

BIM 工具软件是指利用 BIM 基础软件提供的 BIM 数据开展各种工作的应用软件。

目前在实际使用的过程中这类软件有很多，如美国欧特克公司的 Ecotect 软件、我国的软件厂商开发的基于 BIM 技术的成本预算软件等。有的 BIM 基础软件除了提供用于建模的功能外，还提供了其他一些功能，所以本身也是 BIM 工具软件。例如，上述 Revit 系列软件还提供了生成二维图纸等功能，所以它既是 BIM 基础软件，也是 BIM 工具软件。

BIM 工具软件是 BIM 软件的重要组成部分，常见 BIM 工具软件的初步分类如图 4-6 所示，常见 BIM 工具软件的部分举例如表 4-3 所示。

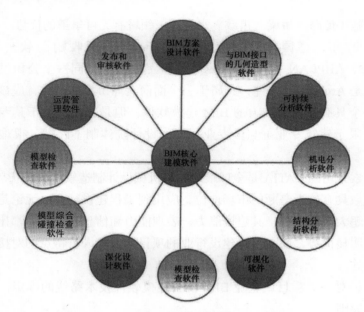

图 4-6　常见 BIM 工具软件的初步分类

表 4-3　常见 BIM 工具软件的部分举例

BIM 工具软件分类	常见 BIM 工具软件	功能
与 BIM 接口的几何造型软件	SketchUp、Rhino	其成果可以作为 BIM 核心建模软件的输入
BIM 可持续分析软件	Echotect、IES	利用 BIM 模型的信息对项目进行日照、风环境、噪声等方面的分析
BIM 发布和审核软件	Autodesk Design Review Adobe PDF	把 BIM 成果发布成静态或轻型的，供参与方进行审核或利用
BIM 深化设计软件	Navisworks	检查冲突与碰撞、模拟分析施工过程评估建筑是否可行
BIM 可视化软件	3Ds Max、Artlantis、AccuRender、Lightscape	减少建模工作量、提高精度与设计（实物）的吻合度、可快速产生可视化效果
BIM 模型检查软件	Solibri Model Checker	用来检查模型本身的质量和完整性
BIM 运营管理软件	ArchiBUS	提高工作场所利用率，建立空间使用标准和基准

（三）BIM 平台软件

BIM 平台软件是指能对各类 BIM 基础软件及 BIM 工具软件产生的 BIM 数据进行有效的管理，以便支持建筑全生命周期 BIM 数据的共享应用的应用软件。

该类软件一般为基于 Web 的应用软件，能够支持工程项目各参与方及各专业工作人员之间通过网络高效地共享信息。目前在实际过程中使用的这类软件有很多，如美国欧特克公司 2012 年推出的 BIM360 软件。该软件作为 BIM 平台软件，包含一系列基于云的服务，支持基于 BIM 的模型协调和智能对象数据交换。

BIM 平台软件的特性包括以下几个方面。

①支持工程项目模型文件管理，包括模型文件上传、下载、用户及权限管理。有的 BIM 平台软件支持将一个项目分成多个子项目，整个项目的每个专业或部分都属于其中的子项目，子项目包含相应的用户和授权。另外，BIM 平台软件可以将所有的子项目无缝集成到主项目中。

②支持模型数据的签入签出及版本管理。不同专业模型数据在每次更新后，能立即合并到主项目中。软件能检测到模型数据的更新，并进行版本管理。"签出"功能可以跟踪用户正在进行的工作。如果此时其他用户上传了更新的数据，系统会自动发出警告。也就是说，软件支持协同工作。

③支持模型文件的在线浏览功能。这个特性不是必备的，但多数模型服务器软件均会提供模型在线浏览功能。

④支持模型数据的远程网络访问。BIM 工具软件可以通过数据接口来访问 BIM 平台软件中的数据，进行查询、修改、增加等操作。BIM 平台软件为数据的在线访问提供权限控制。

常见的 BIM 平台软件包括欧特克公司的 Autodesk BIM360、Autodesk Vault、Autodesk Buzzsaw；奔特力公司的 ProjectWise 以及图软公司的 BIMServer 等软件，这些软件一般用于本公司内部的软件之间的数据交互及协同工作。另外，一些开源组织也开发了开放的基于 IFC 标准进行数据交换的 BIM 平台软件。

第 4 节　国内流行 BIM 软件介绍

一、工程实施各阶段中的 BIM 软件

（一）招投标阶段的 BIM 工具软件

1. 算量软件

招投标阶段的 BIM 工具软件主要是各个专业的算量软件。基于 BIM 技术的算量软件是在中国最早得到规模化应用的 BIM 应用软件，也是最成熟的 BIM 应用软件。

目前国内招投标阶段的 BIM 应用软件主要包括广联达、鲁班、神机妙算、清华斯维尔等公司的产品，如表 4-4 所示。

表 4-4　国内招投标阶段的常用 BIM 应用软件

序号	名称	说明	软件产品
1	土建算量软件	统计工程项目的混凝土、模板、砌体、门窗的建筑及结构部分的工程量	广联达土建算量软件 GCL、鲁班土建算量软件 LubanAR、斯维尔三维算量软件 THS-3DA、神机妙算算量软件、筑业四维算量软件等
2	钢筋算量软件	由于钢筋算量的特殊性，钢筋算量一般单独统计。国内的钢筋算量软件普遍支持平法表达，能够快速建立钢筋模型	广联达钢筋算量软件 GGJ、鲁班钢筋算量软件 Luban ST、斯维尔三维算量软件 THS-3DA、筑业四维算量软件、神机妙算钢筋算量软件等
3	安装算量软件	统计工程项目的机电工程量	广联达安装算量软件 GQI、鲁班安装算量软件 Luban MEP、斯维尔安装算量软件 THS-3DM、神机妙算算量软件安装版等
4	精装算量软件	统计工程项目室内装修，包括墙面、地面、天花等装饰的精细计量	广联达精装算量软件 GDQ、筑业四维算量软件等
5	钢结构算量软件	统计钢结构部分的工程量	鲁班钢结构算量软件 YC、广联达钢结构算量软件、京蓝钢结构算量软件等

2. 造价软件

国内主流的造价类软件主要分为计价和算量两类软件，其中计价类的软件主要有广联达、鲁班、斯维尔、神机妙算和品茗等公司的产品，由于计价类软件需要遵循各地的定额规范，这类软件鲜有国外软件竞争。而国内算量软件大部分为基于自主开发平台的软件，如广联达算量斯维尔算量软件；有的是基于 AutoCAD 平台的软件，如鲁班算量软件、神机妙算算量软件。这些软件均基于三维技术，可以自动处理算量规则，但在与设计类软件及其他类软件的数据接口方面普遍处于起步阶段，大多数属于准 BIM 应用软件范畴。

（二）深化设计阶段的 BIM 工具软件

深化设计是在工程施工过程中，在设计院提供的施工图设计基础上进行详细设计以满足施工要求的设计活动。基于 BIM 技术的深化设计软件得到越来越多的应用，是 BIM 技术应用最成功的领域。基于 BIM 技术的深化设计软件包括机电深化设计、钢结构深化设计、幕墙深化设计、碰撞检查等软件。

1. 机电深化设计软件

机电深化设计是在机电施工图的基础上进行二次深化设计，包括对各类安装节点详图、各种支吊架的构造图、设备的基础图、预留孔、预埋件位置和构造图等进行补充设计。

目前国内应用的基于 BIM 技术的机电深化设计软件主要包括国外的 MagiCAD、Revit MEP、AutoCAD MEP 以及国内的天正、理正、鸿业、PKPM 等 MEP 软件，如表 4-5 所示。

表 4-5　常用的基于 BIM 技术的机电深化设计软件

序号	软件名称	说明
1	MagiCAD	基于 AutoCAD 及 Revit 双平台运行；MagiCAD 软件在专业性上很强，功能全面，提供了风系统、水系统、电气系统、电气回路、系统原理图设计、房间建模、舒适度及能耗分析、管道综合支吊架设计等模块，提供剖面、立面出图功能，并在系统中内置了超过 100 万个设备信息
2	Revit MEP	在 Revit 平台基础上开发；主要包含暖通风道及管道系统、电力照明、给水排水等专业；与 Revit 平台操作一致，并且与建筑专业 Revit Architecture 数据可以互联互通
3	AutoCAD MEP	在 AutoCAD 平台基础上开发；操作习惯与 CAD 保持一致，并提供剖面、立面出图功能
4	天正给排水系统 T-WT 天正暖通系统 T-HVAC	基于 AutoCAD 平台研发；包含给排水及暖通两个专业，包含管件设计、材料统计、负荷计算等功能
5	理正电气 理正给排水 理正暖通	基于 AutoCAD 平台研发；包含电气、给水排水、暖通等专业，包含建模、生成统计表、负荷计算等功能；但是，理正机电软件目前并不支持 IFC 标准
6	鸿业给排水系列软件 鸿业暖通空调设计软件 HYACS	基于 AutoCAD 平台研发；鸿业软件专业区分比较细，分为多个软件；包含给水排水、暖通空调等专业的软件
7	PKPM 设备系列软件	基于自主图形平台研发；专业划分比较细，分为多个专业软件，主要包括给水排水绘图软件（WPM）、室外给水排水设计软件（WNET）、建筑采暖设计软件（HPM）、室外热网设计软件（HNET）、建筑电气设计软件（EPM）、建筑通风空调设计软件（CPM）等

这些软件均基于三维技术，其中 MagiCAD、 Revit MEP、 AutoCAD MEP 等软件支持 IFC 文件的导入、导出，支持模型与其他专业以及其他软件进行数据交换，而天正、理正、鸿业、PKPM 等 MEP 软件在支持 IFC 数据标准和模型数据交换能力方面有待进一步加强。

2. 钢结构深化设计软件

钢结构深化设计因为其突出的空间几何造型特征，在 BIM 应用软件出现之前，平面设计软件很难满足要求。BIM 应用软件出现后，迅速在钢结构深化设计领域得到广泛应用。

钢结构深化设计的目的主要体现在以下方面。

①材料优化。通过深化设计计算杆件的实际应力比，对原设计截面进行改进，以降低结构的整体用钢量。

②确保安全。通过深化设计对结构的整体安全性和重要节点的受力进行验算，确保所有的杆件和节点满足设计要求，确保结构使用安全。

③构造优化。通过深化设计对杆件和节点进行构造的施工优化，使杆件和节点在实际的加工制作和安装过程中变得更加合理，以提高加工效率和加工安装精度。

④通过深化设计，对栓接接缝处的连接板进行优化、归类、统一，减少品种、规格，对杆件和节点进行归类编号，形成流水加工，大大提高加工效率。

目前常用的钢结构深化设计软件多为国外软件，国内软件很少，如表 4-6 所示。

表 4-6　常用的钢结构深化设计软件

软件名称	国家	主要功能
BOCAD	德国	三维建模，双向关联，可以进行较为复杂的节点、构件的建模
Tekla Structures（Xsteel）	芬兰	三维钢结构建模，进行零件、安装、总体布置图及各构件参数，零件数据、施工详图自动生成，具备校正检查的功能
StruCAD	英国	三维构件建模，进行详图布置等；复杂空间结构建模困难，复杂节点、特殊构件难以实现
SDS/2	美国	三维构件建模，按照美国标准设计的节点库
STS 钢结构设计软件	中国	PKPM 钢结构设计软件（STS）主要面向的市场是设计院客户

3. 幕墙深化设计软件

幕墙深化设计主要是对建筑幕墙进行的细化补充设计及优化设计，如对幕墙收口部位的细节补充设计以及对材料用量的优化设计等。幕墙设计非常烦琐，深化设计人员对基于 BIM 技术的设计软件呼声很高，市场需求较大。

4. 碰撞检查软件

碰撞检查，也叫多专业协同、模型检测，是一个多专业协同检查过程，它通常需要将不同专业的模型集成在同一平台中并进行专业之间的碰撞检查及协调工作。碰撞检查主要发生在机电的各个专业之间，机电与结构的预留预埋、机电与幕墙、机电与钢筋之间的碰撞也是碰撞检查的重点及难点内容。

目前常见碰撞检查软件包括美国欧特克公司的 Navisworks、美国天宝公司的 Tekla BIMSight、芬兰索利布里公司的 Solibri、广联达公司的广联达 BIM 审图软件及鲁班碰撞检查模块、MagiCAD 碰撞检查模块、Revit MEP 碰撞检查功能模块等，如表 4-7 所示。

表 4-7　常用基于 BIM 技术的碰撞检测软件

序号	软件名称	说明
1	Navisworks	支持市面上常见的 BIM 建模工具，包括 Revit、Bentley、ArchiCAD、Magi CAD、Tekla 等软件；"硬碰撞"效率高，应用成熟
2	Solibri	与 ArchiCAD、Tekla、MagiCAD 软件接口良好，也可以导入支持 IFC 的建模工具；Solibri 软件具有灵活的规则设置，可以通过扩展规则检查模型的合法性
3	Tekla BIMSight	与 Tekla 钢结构深化设计软件集成接口好，也可以通过 IFC 导入其他建模工具生成的模型
4	广联达 BIM 审图软件	对广联达算量软件有很好的接口，与 Revit 软件有专用插件接口，支持 IFC 标准，可以导入 ArchiCAD、MagiCAD、Tekla 等软件的模型数据；除了"硬碰撞"，还支持模型合法性检测等"软碰撞"功能
5	鲁班碰撞检查模块	属于鲁班 BIM 解决方案中的一个模块，支持鲁班算量建模结果
6	MagiCAD 碰撞检查模块	属于 MagiCAD 软件的一个功能模块，将碰撞检查与调整优化集成在同一个软件中，处理机电系统内部碰撞效率很高
7	Revit MEP 碰撞检查功能模块	Revit 软件的一个功能，将碰撞检查与调整优化集成在同一个软件中，处理机电系统内部碰撞效率很高

（三）施工阶段的 BIM 工具软件

施工阶段的 BIM 工具软件主要包括施工场地布置软件、模板脚手架设计软件、5D 施工管理软件、钢筋翻样软件等。

1. 施工场地布置软件

施工场地布置是施工组织设计的重要内容，在工程红线内，通过合理划分施工区域减少各项施工的相互干扰，使得场地布置紧凑合理，运输更加方便，能够满足安全防火、防盗的要求。BIM 技术的施工场地布置是基于 BIM 技术提供内置的构件库进行管理的，用户可以用这些构件进行快速建模，并且可以进行分析及用料统计。

目前，国内已经发布的三维场地布置软件包括广联达三维场地布置软件 3D-GCP、PKPM 三维现场平面图软件等，如表 4-8 所示。

表 4-8　常用的基于 BIM 技术的主要三维场地布置软件

序号	软件名称	说明
1	广联达三维场地布置软件 3D-GCP	支持二维图纸识别建模，内置施工现场的常用构件，如板房、料场、塔吊、施工电梯、道路、大门、围栏、标语牌、旗杆等，建模效率高
2	斯维尔平面图制作系统	基于 CAD 平台开发，属于二维平面图绘制工具，不是严格意义上的 BIM 工具软件
3	PKPM 三维现场平面图软件	PKPM 三维现场平面图软件支持二维图纸识别建模，内置施工现场的常用构件和图库，可以通过拉伸、翻样支持较复杂的现场形状，如复杂基坑的建模；包括贴图、视频制作功能

2. 模板脚手架设计软件

模板脚手架设计是施工项目重要的周转性施工措施之一。因为模板脚手架设计的细节繁多，一般施工单位难以进行精细设计。基于 BIM 技术的模板脚手架设计软件在三维图形技术基础上，进行模板脚手架高效设计及验算，提供准确用量统计，与传统方式相比，大幅度提高了工作效率。

目前常见的模板脚手架设计软件包括广联达模板脚手架设计软件、PKPM 模板脚手架设计软件、筑业脚手架、模板施工安全设施计算软件、恒智天成建筑安全设施计算软件等，如表 4-9 所示。

表 4-9　常用的基于 BIM 技术的主要模板脚手架设计软件

序号	软件名称	说明
1	广联达模板脚手架设计软件	支持二维图纸识别建模，也可以导入广联达算量软件产生的实体模型辅助建模；具有自动生成模架、设计验算及生成计算书功能
2	PKPM 模板脚手架设计软件	脚手架设计软件可建立多种形状及组合形式的脚手架三维模型，生成脚手架立面图、脚手架施工图和节点详图；可生成用量统计表；可进行多种脚手架形式的规范计算；提供多种脚手架施工方案模板。模板设计软件适用于大模板、组合模板、胶合板和木模板的墙、梁、柱、楼板的设计、布置及计算；能够完成各种模板的配板设计、支撑系统计算、配板详图、统计用表及提供丰富的节点构造详图
3	筑业脚手架、模板施工安全设施计算软件	汇集了常用的施工现场安全设施的类型，能进行常用的计算，并提供常用数据参考。脚手架工程包含落地式、悬挑式、满堂式等多种搭设形式和钢管扣件式、碗扣式、承插型盘扣式等多种材料脚手架，并提供相应模板支架计算。模板工程包含梁、板、墙、柱模板及多种支撑架计算，包含大型桥梁模板支架计算
4	恒智天成建筑安全设施计算软件	能计算设计多种常用形式的脚手架，如落地式、悬挑式、附着式等；能计算设计常用类型的模板，如大模板、梁墙柱模板等；能编制安全设施计算书；能编制安全专项方案书；能同步生成安全方案报审表、安全技术交底；能编制施工安全应急预案；能进行建筑施工技术领域的计算

3. 5D 施工管理软件

基于 BIM 技术的 5D 施工管理软件需要支持场地、施工措施、施工机械的建模及布置。

目前基于 BIM 技术的 5D 施工管理软件主要包括德国瑞博（RIB）软件公司的 iTWO 软件、美国维科（Vico）软件公司的 Vico 软件以及我国广联达科技股份有限公司的 BIM 5D 软件等。

4. 钢筋翻样软件

钢筋翻样软件是指利用 BIM 技术，利用平法对钢筋进行精细布置及优化，帮助用户进行翻样的软件，它能够显著提高翻样人员的工作效率。

当前基于 BIM 技术的钢筋翻样软件主要包括广联达施工翻样软件（GFY）、鲁班钢筋软件（下料版）等，也有用户通用 Revit、Tekla 等国外软件进行翻样。

（四）运维阶段的 BIM 工具软件

运维管理作为建筑项目长期存在的一种方式，被越来越多的企业关注，尤其是 BIM 技术出现并导入运维阶段之后，其强大的数据管理功能，让传统运维焕发了新的生命。目前运维阶段的 BIM 工具软件主要有蓝色星球资产与设施运维管理平台和 ArchiBUS 系统。

蓝色星球资产与设施运维管理平台，是蓝色星球基于 BIM 技术开发的系列应用软件产品之一，集中体现了公司 3DGIS+BIM 的核心技术和价值，同时以工作流为基础，实现了资产与设施（备）的运行管理，并且以模型为载体，关联了资产、设施、设备、资料等信息，以及围绕运维阶段的需要，采用了物联网、异构系统集成、移动互联、二维码等应用技术，使该软件产品实现了真正意义上的基于 BIM 技术的资产与设施运维管理。据可查的资料显示，该产品是 BIM 技术系统性应用的经典代表软件。

ArchiBUS 系统是目前美国运用比较普遍的运维管理系统，它可以通过端口与现在最先进的 BIM 技术相连接，形成有效的管理模式，提高设施设备维护效率，降低维护成本。它是一套用于企业各项不动产与设施管理信息沟通的图形化整合性工具，举凡各项资产（如土地、建物、楼层、房间、机电设备、家具、装潢、保全监视设备、IT 设备、电信网络设备）、空间使用、大楼营运维护等皆为其主要管理项目。

二、当前其他常用 BIM 软件介绍

随着 BIM 应用在国内的迅速发展，BIM 相关软件也得到了较快发展，表4-10 介绍了当前其他一些 BIM 软件的情况。

表 4-10　当前其他常用 BIM 软件举例

国内其他 BIM 软件	举例	功能
Revit 插件软件	鸿业 BIMSpace	基于 Revit 平台，涵盖了建筑、给水排水、暖通等常用功能，结合基于 AutoCAD 平台向用户提供完整的施工图解决方案
	橄榄山软件	将现在产业链中的工程语言——施工 DWG 图——直接转换成 Revit BIM 模型的软件
	MagiCAD	机电专业的 BIM 深化设计软件，运用于工程前期的设计阶段、项目招投标阶段、机电施工过程深化设计阶段、后期过程竣工交付运维管理阶段

国内其他 BIM 软件	举例	功能
Revit 插件软件	isBIM	用于建筑、结构、水电暖通、装饰装修等专业中，提高了用户创建模型的效率，同时提高了建模的精度和标准化
鸿业工业总图设计软件		可以直接通过模型生成施工图及工程量；可为暴雨模拟及海绵城市计算分析提供地形、排水等数据；可与 iTWO 5D 等施工阶段 BIM 软件进行衔接；可支持市场上主流的 3D-GIS 平台
Trimble 系列工具软件	SketchUp	将平面的图形立起来，先进行体块的研究，再不断推敲深化一直到建筑的每个细部
	Tekla	交互式建模、结构分析、设计和自动创建图纸等
	Vico Office	以实现使用一个软件对项目全过程进行控制，进而实现提高效率、缩短工期、节约成本的目标
	Field Link	为总承包商设计的施工放样提供解决方案
Trimble 系列工具软件	Real Works	空间成像传感器导入丰富的数据，并转换为夺目的三维成果
达索软件		为建筑行业的项目全过程管理提供整体解决方案、倡导建筑市政施工及工程建造行业高端三维应用平台
盈建科软件	盈建科建筑结构计算软件（YJK-A）	集成化建筑结构辅助设计系统，立足于解决当前设计应用中的难点热点问题，为减少配筋量、节省工程造价做了大量改进
	盈建科基础设计软件（YK-F）	
	盈建科砌体结构设计软件（YJK-M）	
	盈建科结构施工图辅助设计软件（YJK-D）	
BIM 协同平台软件	iTWO	运用设计和建造阶段流通下来的 BIM 模型及信息数据将 BIM 模型及全生命周期的信息数据完美的结合，利用虚拟模型进行智能管控
	广联达 BIM 5D	为项目的进度、成本管控、物料管理等提供数据支撑，协助管理人员有效决策和精细管理
	鲁班 BIM 软件	适应建筑业移动办公特性强的特点，实现了施工项目管理的协同，实现了模型信息的集成，授权机制实现了企业级的管控、项目级管理协同

第 5 章　BIM 技术在房屋建筑设计中的应用

第 1 节　BIM 技术的应用优势

一、传统建筑设计中存在的问题

（一）空间设计难以达到理想效果

在 BIM 技术出现以及有效利用以前，我国建筑行业主要使用的建筑设计软件有 SketchUp、AutoCAD 以及 Photoshop 等。这些软件虽然代表了一定的计算机技术水平，发展也相对比较成熟，且能够极大提高建筑师的工作效率和实现一些新时期的建筑设计要求。但是，传统的建筑设计工程最为严重的问题是建筑师使用的设计软件全部是二维的计算机应用软件，造成所有的设计图纸都以二维平面形式呈现。同时，建筑设计师只参与建筑工程的设计阶段，并没有在具体的施工后期给予帮助和建议，相当于传统建筑施工过程中是没有任何设计基础的建筑工人以二维的设计平面图完成三维的立体建筑设计，即便建筑设计师会有一些专业指导和帮助，这也很难达到理想的设计效果。因此，所有的立体三维样式设计也只能以二维的平面表现形式呈现，这在一定程度上限制了我国工程建筑行业的时代发展速度，也无法满足日新月异的建筑要求。

（二）整体规划设计缺乏沟通与共享

传统的建筑设计工程一般由建筑拥有方提出设计概念，在节约建筑成本的前提下进行建筑的整体规划设计。建筑设计师根据项目任务书的具体设计要求完成设计图纸，最后由施工单位根据图纸开展建筑工程项目的建设工作。传统的建筑设计工程流程虽然看起来体系清楚，分工明确，但整个设计过程遗失了两个重要环节，即缺乏建筑计划和建筑评估。这样的断层往往造成设计方案与建筑的实际要求不符。传统建筑设计过程中，建筑设计师只单纯根据建筑设计任务书完成相关的图纸设计工作，既没有参与设计前期的工程考察准备工作，也没有参与设计后期的具体施工过程，造成整个建筑工程各阶段信息独立，无法沟通和共享，不利于提高建筑项目施工的整体效率。

（三）建筑分析准确度不高

传统的设计方法只是对建筑物外部结构进行简单的构造，只能将建筑的轮廓展现出来，而对于建筑的内部构造却通常分析不到位。在对建筑物内部进行空间和功能的设计分析时，建筑设计师通常只是运用建筑方面的各种算法和多次设计的积累经验，这样难免会造成准确度不高，因此传统建筑设计常常会使得建成的实体与设计理念有错位或偏差。

1. 工程建设体制不健全

随着社会经济的不断发展，我国建筑规模不断扩大，而绿色建筑概念也在不断完善，但是在目前的建筑设计过程中，建筑企业由于只重视对利益的获取，因而对建筑设计等问题不够重视，这严重阻碍了建筑设计的发展。此外，虽然节能设计在建筑设计上已经开始受到重视，但是实际应用效果还不够明显。

2. 评价体系和标准不完善

对于建筑设计来说，我国还缺乏一个科学的评价体系，而国外发达国家在相关的体系评价上已经相对成熟。同时我国实行的相关标准也不够完善，导致在建筑设计上存在一定的不足，不能够真正地将建筑设计的节能效果很好地体现出来。

二、BIM 技术在建筑工程中的应用优势

相较于传统的建筑设计技术，BIM 技术有着很多优点。对于建筑工程当中不断增加的问题，BIM 技术会把这些问题一一解决。信息时代的来临，为 BIM 技术应用于建筑工程行业打下了坚实的基础。

（一）3D 可视化、精确定位

传统的 2D 平面图往往因为可视范围有限，需要多张图纸配合才能看清楚某个构件的详细位置与构造，并不直观，增加工作量不说还降低精确度。采用 BIM 技术之后，通过 BIM 概念的特性建立起 3D 可视化模型可以将项目的整体相貌呈现在各参与方的眼前，清楚直观，即便是缺乏专业知识的业主方对于可视化的 3D 模型也能够读懂，从而方便了各方的沟通。3D 可视化模型拥有价值非凡的直观性（图 5-1）。

（a）建筑 BIM 模型　　　（b）混凝土结构 BIM 模型

（c）暖通 BIM 模型　　　（d）给排水 BIM 模型

图 5-1　中国金融信息中心可视化举例

同时，BIM 模型采用面向对象及参数化的概念，将建筑项目中所有构件的真实数据纳入之后，可以将传统绘图中经常忽略的部分（如保温层）展现出来，让各方可以通过将这些之前隐藏起来的构件，或者很难发现的问题考虑到设计当中，从实际上解决深层次存在的隐患。

另外，BIM 技术不光绘图是立体图纸，在修改图纸方面也十分方便快捷，手绘图纸需要不断地描绘和修改，不小心就会造成图纸被破坏，但是 BIM 技术的图纸绘图依靠的是计算机，修改图纸也是应用计算机技术，这就大大缩短了在绘图和修改图纸方面的时间。

（二）协调各专业，减少沟通成本

基于 BIM 技术的应用软件（如 Autodesk Revit）为所有专业间的协同作业构筑了一个平台，采用事先分配好的工作集的各位设计者只需在规定时间频率内上传各自的新的工作内容，其他设计者即可实时查看到最新的工程设计信息，通过三维空间模式下的可视化设计方式，对自己负责的工作内容进行设计和修改。BIM 技术可在建筑物建造各阶段通过虚拟建造的手段对各专业的设计问题提前预判，小问题小范围解决，重要问题重点协调，同时借用可视化特性减少沟通成本，及时解决问题。

（三）碰撞检查，降低额外成本

传统 2D 图纸中即便做深化设计也很难考虑到各专业间的碰撞，这个往往依靠的是设计人员的个人空间想象能力以及经验，所以很容易就造成疏漏或者错误，无形中增加了设计变更的频率，造成了额外费用的增加。基于 BIM 技术的碰撞检查功能可以将设计中各专业及各专业间的碰撞全部反馈给设计人员，同时自动生成检查结果报表，让项目参与各方以报表为依据进行及时有效的沟通与协调，从而减少了设计变更及施工返工的现象，大大提高了实际的工作效率，同时也降低了额外费用，缩短了工期。

（四）校正设备参数复核计算结果，为设备选型提供依据

在传统 2D 图纸深化设计中，设备参数复核计算是在平面图上进行的，但是在最初设计时经常会因为变更而导致图纸加加减减，经常调整，这导致最终计算结果与实际相差巨大，甚至影响工作的正常进行。运用 BIM 技术后，就可以对所建立好的 BIM 模型进行参数化计算与编辑，因为 BIM 模型所具备的联动性是传统 2D 图纸所不具备的，只需要点击鼠标让 BIM 软件自动计算完成并导成报表即可。即使模型有变化或者修改，计算结果也会依据联动关系重新生成计算结果，校正设备参数复核计算的结果，为设备选型提供依据。

（五）符合绿色建筑全生命周期的目标

对于在建筑工程节能设计中应用 BIM 技术来说，其拥有非常多的优势，不仅能够降低建筑能耗，还能够使建筑工程内部的各部分得到很好的设计，真正使绿色节能设计理念贯穿整个建筑工程设计当中。首先，在建筑工程设计中应用 BIM 技术，能够对整个工程流程进行合理的规划，并且对建筑工程场地的选择，规模大小的设计，及相关建筑施工等都能够清楚地进行模型规划。其次，应用 BIM 技术，能够提高建筑工程施工质量且缩短施工工期，并降低整个项目的施工成本。此外，在建筑施工阶段，利用 BIM 技术能够使建筑工程设计中的各项费用投入实现有效对接，真正让设计者利用 BIM 技术来实现对整个工程设计的掌握，从而提高了建筑工程的设计水平。

第 2 节 BIM 技术在房屋建筑初步设计阶段的应用

由于整体的建筑设计的专业不同，应用 BIM 技术可以实现工种和专业的协作，这种合作方式能够有效解决传统的建筑设计中容易出现的资源浪费及相关的资源紧张等问题。而应用 BIM 技术，不仅可以达到建筑设计的效果，同时可以利用 BIM 软件的多种优势功能，结合实际的建筑设计需要和施工情况，来选择更加适宜的设计建筑方案。BIM 技术在房屋建筑初步设计阶段的应用具体表现在以下几个方面。

一、结构分析

最早使用计算机进行的结构分析包括三个步骤，分别是前处理、内力分析、后处理。

前处理是通过人机交互模式输入结构简图、荷载、材料参数以及其他结构分析参数的过程，也是整个结构分析中的关键步骤，所以该过程也是比较耗费设计时间的过程。内力分析过程是结构分析软件的自动执行过程，其性能取决于软件和硬件，内力分析过程的结果是结构构件在不同工况下的位移和内力值。后处理过程是将内力值与材料的抗力值进行对比产生安全提示，或者按照相应的设计规范计算出满足内力承载能力要求的钢筋配置数据，这个过程人工干预程度也较低，主要由软件自动执行。在 BIM 模型支持下，结构分析的前处理过程也实现了自动化：BIM 软件可以自动将真实的构件关联关系简化成结构分析所需的简化关联关系，能依据构件的属性自动区分结构构件和非结构构件，并将非结构构件转化成加载于结构构件上的荷载，从而实现了结构分析前处理的自动化。

基于 BIM 技术的结构分析主要体现在：

①通过 IFC 或 StructureModelCenter 数据计算模型；

②开展抗震、抗风、抗火等结构性能设计；

③结构计算结果存储在 BIM 模型或信息管理平台中，便于后续应用。

二、建筑性能模拟分析

建设项目的景观可视度、日照、风环境、热环境、声环境等性能指标在开发前期就已经基本确定，但是由于缺少合适的技术手段，一般项目很难有时间和费用对上述各种性能指标进行分析模拟，BIM 技术为建筑性能分析的普及和应用提供了可能性。建筑性能模拟分析主要包括下面内容。

①室外风环境模拟：改善住区建筑周边人行区域的舒适性，通过调整规划方案建筑布局、景观绿化布置，改善住区流场分布、减小涡流和滞风现象，提高住区环境质量；分析大风情况下，哪些区域可能因狭管效应引发安全隐患等。

②自然采光模拟：分析相关设计方案的室内自然采光效果，通过调整建筑布局、饰面材料、围护结构的可见光透射比等，改善室内自然采光效果，并根据采光效果调整室内布局布置等。

③室内自然通风模拟：分析相关设计方案，通过调整通风口位置、尺寸、建筑布局等改善室内流场分布情况，并引导室内气流组织进行有效的通风换气，改善室内舒适情况。

④小区热环境模拟分析：模拟分析住宅区的热岛效应，采用合理优化建筑单体设计、群体布局和加强绿化等方式削弱热岛效应。

⑤建筑环境噪声模拟分析：计算机声环境模拟的优势在于，建立几何模型之后，能够在短时间内通过材质的变化和房间内部装修的变化来预测建筑的声学质量，以及对建筑声学改造方案进行可行性预测。

⑥其他环境因素模拟分析：通过专业的分析软件，建立分析模型，对建筑物的可视度、采光、通风、人员疏散、碳排放等进行分析模拟。

三、参数化找形

参数化设计实际上就是要找到一种关系或规则，用这一关系或规则来模拟影响建筑设计的某些主要因素表现出的行为或现象［这里把影响建筑设计的因素看作参（变）量或参数］，进而用计算机语言描述关系或规则，形成软件参数模型，然后通过软件技术输入参量及变量数据信息并转化成图形。这个图形就是设计的雏形。

参数化建筑设计的关键就是在解读设计条件的基础上，构造出反映各种力之间关系的参数模型，并在此基础上依据建筑内外条件生成非线性体。这里的参数模型不仅有分析设计条件和阐释设计概念的作用，而且利用了数字技术，能够依据条件生成建筑形体，因此它可以被看成在传统建筑学图解的基础上发展而成的数字图解。

构建数字图解并生成非线性体的过程被称为"找形"。建筑师需要分析场所、功能、建造等的客观规律，寻找适当的数理方法在计算机内建构描述各因素相互关系的数字图解，并根据不同的设计条件生成形体。在"找形"过程中，更为强调数字图解与建筑设计需求在科学上和哲学上的联系，以及整个设计过程的逻辑性。

实际上，参数化建筑设计的"找形"过程可以被解释为在人的活动行为要求以及外界因素影响下，建筑作为物质系统自组织的过程，它是建筑形式自下而上、自我呈现的形态发生过程，这种设计思想涉及三种形态生成及反馈过程：一是作用于建筑形式的环境外力，以及建筑形式对于外力的抵抗；二是建筑形式和人类主体之间的动态关系；三是人类主体和作用于建筑形式的环境之间的互动。"找形"过程超越了传统的设计，使物质系统的自组织在物理的"找形"过程中得到了体现，并完成了上述反馈的过程，因而建筑形式将更趋向于最大限度地适应周边环境。

四、设计审查

在现如今的 BIM 技术应用中，我们虽然能够在项目的很多环节中看到它的身影，但是在设计审查环节上见之甚少。利用 BIM 技术进行三维设计后仍需要转换成二维图纸进行审查，这也是目前 BIM 技术发展缓慢的原因之一。二维图纸审核的主要内容为设计阶段提供的工作成果，包含设计图纸、技术书、文本说明等一系列内容。施工图审查是政府主管部门对建筑工程勘察设计质量监督管理的重要环节，《建设工程质量管理条例》第 11 条规定：建设单位应当将施工图设计文件报县级以上人民政府建设行政主管部门或者其他有关部门审查。

当设计工作转入 BIM 技术平台后，平、立、剖等图纸都可以通过投影由软件自动生成。在对这类项目审核的过程中，各类图纸特别是复杂部位的图纸，对设计师意图的反映更为准确。结合其提供的复杂部位三维透视示意图（为帮助审图及施工、监理各方更准确地理解设计意图，设计公司一般会主动在关键图纸上提供），审核人员能更准确地了解设计意图并做出判断。不仅如此，当审核人员具备 BIM 模型的基本使用能力后，还可以根据审核需要在希望的位置和方向补充二、三维视图，从不同的方向审视设计成果，为审核结论提供更全面的数据支持。

BIM 设计审查的重点内容主要包括以下几方面：

①模型本身是否完善，是否达到预定的设计精度；

②结构构件的布置是否满足建筑专业空间设计、立面设计要求；

③机电管线与建筑布置、结构构件是否冲突；

④有无因管线布置空间不足引起的各专业管线相互碰撞；

⑤机电管线的布置能否满足建筑专业室内净高或者吊顶净高要求；

⑥对碰撞检查报告的人工判断。

此外，模型中一些细部信息在整体建筑模型中无法得到全面的携带，如建筑细部构造、结构钢筋绑扎形式、设备附件细节等。这些信息的缺失使得与此相关的详图无法实现软件的自动生成，仍旧需要通过二维方式由人工绘制后嵌入三维模型。基于 BIM 技术的设计审查能让设计师的表达意图更加准确，让审核人员做出正确的判断。

五、工程算量与造价控制

工程量的计算是工程造价中最烦琐、最复杂的部分，传统的造价模式占用了大量的人力资源去理解设计、读图识图和算量建模。

利用 BIM 技术辅助工程计算与造价控制，能大大加快工程量计算的速度。利用 BIM 技术建立起的三维模型可以全面地了解工程建设的所有信息。例如，利用 BIM 模型可以准确提取整个项目中防火门数量的准确数字、防火门的不同样式、材料的安装日期、出厂型号、尺寸大小等，甚至可以统计防火门的把手等细节。

下面以土石方工程、基础、混凝土构件、钢筋、墙体、门窗工程、装饰工程为例，分别介绍 BIM 技术在工程算量工作中的应用。

（一）土石方工程算量

利用 BIM 模型可以直接进行土石方工程算量。对于平整场地的工程量，可以根据模型中建筑物首层面积计算。挖土方量和回填土量按结构基础的体积、所占面积以及所处的层高进行工程算量。造价人员在表单属性中设定计算公式可提取所需的工程量信息。

（二）基础算量

利用 BIM 模型自带的表单功能可以自动统计出基础的工程量，也可以通过属性窗口获取任意位置的基础工程量。大多数类型的基础都可按特定的基础族模板建模，若某些特殊基础没有特定的建模方式，可利用软件的基本工具（如梁、板、柱等）变通建模，但需改变这些构件的类别属性，以便与其原建筑类型的元素相区分，利于工程量的数据统计。

（三）混凝土构件算量

对于单个混凝土构件，利用 BIM 模型能直接根据表单得出相应的工程量。但对混凝土板和墙进行算量时，其预留孔洞所占体积均被扣除。使用

BIM 软件内修改工具中的连接（Join）命令，根据构件类型修正构件位置并通过连接优先序扣减实体交接处重复工程量，优先保留主构件的工程量，将次构件的统计参数修正为扣减后的精确数据，避免了构件工程量统计的虚增或减少。

（四）钢筋算量

BIM 结构设计软件提供了用于为混凝土柱、梁、墙、基础和结构楼板中的钢筋建模的工具，可以调入钢筋系统族或创建新的族来选择钢筋类型。

（五）墙体算量

通过设置，利用 BIM 模型可以精确计算墙体的面积和体积。墙体主要有两种建模方式：一种方式是在已知结构构件位置和尺寸的情况下，以墙体实际设计尺寸进行建模，将墙体与结构构件边界线对齐，但这种方式的建模效率很低，出现误差的概率较大；另一种方式是直接将墙体设置到楼层建筑或结构标高处，如同将结构构件"嵌入"墙体内，这样可大幅度提升建模速度。

（六）门窗工程

利用 BIM 模型可以提取门窗工程量和其他门窗构件的附带信息，包括各种型号的门窗数量、尺寸规格、板框材面积、门窗所在墙体的厚度、楼层位置以及其他造价管理和估价所需的信息（如供应商等）。此外利用 BIM 模型还可以自动统计出门窗五金配件的数量等详细信息。

（七）装饰工程

利用 BIM 模型也能自动计算出装饰部分的工程量。BIM 模型有多种饰面构造和材料设置方法，如直接涂刷，或在楼板和墙体等系统族的核心层上直接添加饰面构造层，还可以单独建立饰面构造层。

六、协同设计与碰撞检查

在许多工程项目中，专业之间因协调不足而出现冲突是非常突出的问题。BIM 技术为工程设计的专业协调提供了两种途径：一种是在设计过程中通过有效的、适时的专业间协同工作避免产生大量的专业冲突问题，即协同设计；另一种是通过对三维模型的冲突进行查找并修改来规避设计成果中的冲突和矛盾，从而缓解二维图纸很难检查错误和矛盾的问题，即碰撞检查。

（一）协同设计

传统意义上的协同设计很大程度上是指基于网络的一种设计沟通交流手段，以及设计流程的组织管理形式。

协同设计由流程、协作和管理三类模块构成。基于 BIM 技术的协同设计是指建立统一的设计标准，包括图层、颜色、线型、打印样式等，在此基础上，设计、校审和管理等不同角色人员利用该平台中的相关功能完成各自的工作，从而减少现行各专业之间（以及专业内部）由沟通不畅或沟通不及时导致的错、漏、碰、缺问题，真正实现所有图纸信息元的单一性，即一处修改而其他地方相同内容自动修改，从而提升设计效率和设计质量。

（二）碰撞检查

二维图纸不能用于空间表达，使图纸中存在许多意想不到的碰撞盲区。同时，目前的设计方式多为"隔断式"设计，各专业分工作业，依赖人工协调项目内容，这也导致设计往往存在专业间碰撞。同时，在机电设备和管道线路的安装方面还存在软碰撞（机具不能到达安装位置）的问题。

基于 BIM 技术可将两个不同专业的模型集成在同一平台上，通过软件提供的空间冲突检查功能查找两个专业构件之间的空间冲突可疑点。软件可以在发现可疑点时向操作者报警，经人工确认该冲突。冲突检查一般从初步设计后期开始进行，随着设计的进展，反复进行"冲突检查—确认修改—更新模型"的 BIM 设计过程，直到所有冲突都被检查出来并修正。最后一次检查发现的冲突数为零，则标志着设计已达到 100% 的协调。

七、净空优化

随着建筑舒适度的提高，建筑体内部各类管线也越来越多。在设计阶段，通过 BIM 技术模拟预建造，对空间狭小、管线密集或净高要求高的区域进行净空分析，可以提前发现不满足净空要求功能和美观需求的部位，避免后期设计变更，从而缩短工期、节约成本。基于 BIM 技术的竖向净空优化的具体工作如下：

①收集数据，并确保数据的准确性。

②确定需要净空优化的关键部位，如公共区域、走道、车道上空等。

③利用 BIM 三维可视化技术，调整各专业的管线排布模型，最大化提升净空高度。

④审查调整后的各专业模型，确保模型准确。

⑤将调整后的建筑信息模型以及优化报告、净高分析等成果文件，提交给建设单位确认。其中，对二维施工图难以直观表达的造型、构件、系统等提供三维透视和轴测图等三维施工图形式辅助表达，为后续深化设计、施工交底提供依据。

第3节　BIM技术在房屋建筑深化设计阶段的应用

一、管线综合深化设计

在CAD时代，设计企业主要由建筑或者机电专业牵头，将所有图纸打印成硫酸图，然后各专业将图纸叠在一起进行管线综合。由于二维图纸的信息缺失以及缺少直观的交流平台，管线综合成为建筑施工前让业主最不放心的技术环节。利用BIM技术，通过搭建各专业的BIM模型，设计师能够在虚拟的三维环境下方便地发现设计中的碰撞冲突，从而大大提高了管线综合的设计能力和工作效率。某建筑地下管线综合深化前后对比如图5-2所示。

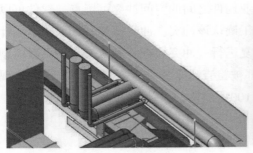 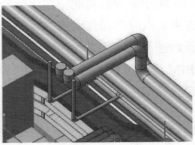

（a）优化前　　　　　　　　　　（b）优化后

图5-2　某建筑地下管线综合深化前后对比

（一）管线综合深化设计依据

①业主提供的初设图或施工图。

②合同文件中的设备明细表。

③业主招标过程中对承包方的技术答疑回复。

④相关的国家及行业规范。

（二）管线综合深化设计的工作内容

合理布置各专业管线，最大限度地增加建筑使用空间，减少由于管线冲突造成的二次施工。

综合协调机房及各楼层平面区域或吊顶内各专业的路由，确保在有效的空间内合理布置各专业的管线，以保证吊顶的高度，同时保证机电各专业的有序施工。综合排布机房及各楼层平面区域内机电各专业管线，协调机电与土建、精装修专业的施工冲突。

确定管线和预留洞的精确定位，减少对结构施工的影响，弥补原设计不足，减少因此造成的各种损失。核对各种设备的性能参数，提出完善的设备清单，并核定各种设备的订货技术要求，便于采购部门采购。

合理布置各专业机房的设备位置，保证设备的运行维修、安装等工作有足够的平面空间和垂直空间。

综合协调竖向管井的管线布置，使管线的安装工作顺利地完成，并能保证有足够多的空间完成各种管线的检修和更换工作。完成竣工图的制作，及时收集和整理施工图的各种变更通知单。在施工完成后，绘制出竣工图，保证竣工图具有完整性和真实性。

对建筑物内错综复杂的机电管线及设备进行优化排布，根据碰撞点合理调整管线的位置，最优化利用有限的空间，提前消除各专业间的管线碰撞，加大室内的净空，降低变更发生的可能性，为后期的管线维护提供便利，保证施工进度及质量。

二、土建结构深化设计

基于 BIM 模型对土建结构部分，包括土建结构与门窗等构件、预留洞口、预埋件位置以及各复杂部位的施工图纸进行深化，对关键复杂的墙板进行拆分，以解决钢筋绑扎、顺序问题，能够指导现场钢筋绑扎施工，降低在工程施工阶段存在错误损失和返工的可能性。

某工程基于 BIM 模型的复杂墙板拆分如图 5-3 所示，某工程复杂节点深化设计如图 5-4 所示。

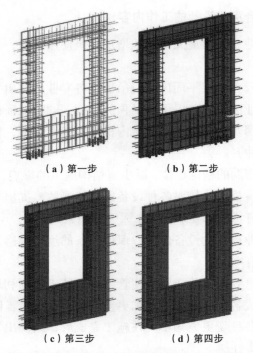

（a）第一步　　　　　　（b）第二步

（c）第三步　　　　　　（d）第四步

图 5-3　某工程基于 BIM 模型的复杂墙板拆分

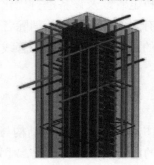

图 5-4　某工程复杂节点深化设计

三、钢结构深化设计

钢结构深化设计的本质就是进行计算机预拼装、实现"所见即所得"的过程。首先，所有杆件、节点连接、螺栓焊缝、混凝土梁柱等信息都通过三维实体建模进入整体模型，该三维实体模型与以后实际建造的建筑完全一致；其次，所有加工详图（包括布置图、构件图、零件图等）均是利用三视图原理投影生成的，图纸中所有尺寸，包括杆件长度、断面尺寸、杆件相交角度等均是从三维实体模型上直接投影产生的。

钢结构深化设计的过程基本可分为四个阶段，其流程如图 5-5 所示。

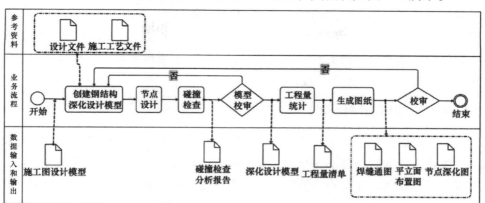

图 5-5　钢结构深化设计流程

第一阶段，根据结构施工图建立轴线布置和搭建杆件实体模型。将 AutoCAD 中的单线布置图导入 Tekla Structures 中，并进行相应的校核检查，保证两套软件设计出来的构件数据理论上完全吻合，从而确保构件定位和拼装的精度。创建轴线系统及创建、选定工程中所要用到的截面类型、几何参数。

第二阶段，根据设计院图纸对模型中的杆件连接节点、构造、加工和安装工艺细节进行安装和处理。在整体模型建立后，需要对每个节点进行装配，结合工厂制作条件、运输条件，考虑现场拼装、安装方案及土建条件。

第三阶段，对搭建的模型进行"碰撞校核"，并由审核人员进行整体校核、审查。在所有连接节点装配完成之后，运用"碰撞校核"功能进行所有细微的碰撞校核，以检查设计人员在建模过程中的误差。这一功能执行后能自动列出所有结构中存在碰撞的情况，以便设计人员去核实更正，通过多次执行，最终消除一切详图设计误差。

第四阶段，基于 3D 实体模型的设计出图。运用建模软件的图纸功能自动产生图纸，并对图纸进行必要的调整，同时产生供加工和安装的辅助数据（如材料清单、构件清单、油漆面积等）。节点装配完成之后，根据设计准则中编号原则对构件及节点进行编号。编号后就可以产生布置图、构件图、零件图等，并根据设计准则修改图纸类别、图幅大小、出图比例等。

所有加工详图（包括布置图、构件图、零件图等）均是利用三视图原理投影、剖面生成深化设计的图纸，图纸上的所有尺寸，包括杆件长度、断面尺寸、杆件相交角度均是在杆件模型上直接投影产生的。由此完成的钢结构深化设计图在理论上是没有误差的，可以保证钢构件精度达到理想状态。

我们可以通过变更参数的方式方便地修改杆件的属性，也可以通过输出一系列标准格式（如 IFC、XML、IGS、DSTV 等），与其他专业的 BIM 软件进行协同。采用 BIM 技术对钢网架复杂节点进行深化设计，提前对重要部位的安装进行动态展示、施工方案预演和比选，实现三维指导施工，从而更加直观化地传递施工意图，避免二次返工。

四、玻璃幕墙深化设计

玻璃幕墙深化设计主要是对整幢建筑的幕墙中的收口部位进行细化补充设计、优化设计和对局部不安全不合理的地方进行改正。首先，根据建筑设计的幕墙二维节点图，在结构模型以及幕墙表皮模型中间创建不同节点的模型。其次，根据碰撞检查、设计规范以及外观要求对节点进行优化调整，形成完善的节点模型。最后，根据节点进行大面积建模。BIM 软件通过最终深化完成的幕墙模型，生成加工图、施工图以及物料清单。加工厂将模型生成的加工图直接导入数控机床进行加工，构件尺寸与设计尺寸基本吻合，加工后根据物料清单对构件进行编号，构件运至现场后可直接对应编号进行安装。

五、建筑内装修深化设计

（一）建筑内装修深化设计简介

采用 BIM 技术进行深化设计是在建筑装饰装修工程施工组织设计的统一安排下，按科学规律组织施工，建立正常的施工程序，有计划地开展各项施工作业，保证劳动力和各项资源的正常供应，协调各施工队组、各工种、各种资源之间关系等，完成合同目标的重要技术手段。

目前行业内精装修单位的 BIM 技术应用水平整体处于起步阶段，大多数单位还无法直接利用 BIM 技术进行深化设计，还停留在二维深化设计 BIM 翻模的阶段。项目管理人员在应用 BIM 技术进行内装修深化设计前需提前进行策划，以确定应用 BIM 技术进行深化设计的范围与深度，以及模型出图后再进行图纸深化的配合过程，使图纸和模型互为参考、相互补充，从而提高整个深化设计图纸的质量。目前内装修单位的 BIM 深化设计工作主要针对的是容易和其他专业产生碰撞的内容，包括隔墙龙骨、吊顶龙骨、天花吊杆等。

（二）建筑内装修深化设计流程

1. 基准模型获取

由于建筑内装修的特殊性，其深化设计必须在主体结构 BIM 模型基础上进行。基准模型的获取可来源于主体结构深化设计 BIM 模型或三维激光扫描点云模型。

①主体结构深化设计 BIM 模型。在主体结构未实施时，可采用主体结构 BIM 模型作为基准模型进行深化设计，在主体结构实施完成后，需要将主体结构模型与现场实际施工情况比对，修正模型后，才能作为建筑内装修深化设计的基准模型。

②三维激光扫描点云模型。三维激光扫描技术又称"实景复制技术"，它利用激光测距的原理，通过记录被测物体表面大量的密集的点的三维坐标、反射率和纹理等信息，可快速复建出被测目标的三维模型及线、面、体等各种图件数据。应用三维激光扫描技术可针对现有三维实物快速测得物体的轮廓集合数据，并加以建构、编辑、修改生成通用输出格式的曲面数字化模型，从而为现场施工、改造、修缮等提供指导。

项目管理人员在结构施工完成之后可开展扫描工作，得到与实际坐标和高程相匹配的高精度主体结构点云模型。此点云数据通过相应的插件载入深化设计 BIM 平台后，点云模型便可以作为参考导入深化设计 BIM 模型之中，设计师可以直观地对比"现场实际情况"进行深化设计，提前避免因现场施工误差造成的返工与拆改，提前确认本专业深化设计成果的可靠性，有效提高深化设计的效率和准确性。

2. 内装修深化设计

当建筑内装修深化设计模型以方案设计模型为基础时，设计师可以直接进行三维可视化深化设计。当建筑内装修深化设计模型以二维深化设计图纸为基础时，BIM 模型将在建模过程中发现的设计问题及时反馈给设计师，设计师在深化设计时以模型中各构件的相对关系作为重要的参考依据，共同完善与提高项目深化设计质量。

建筑内装修的非异形模型元素可采用 Autodesk Revit、Graphisoft ArchiCAD 等常规 BIM 软件进行设计。对于异形模型元素，深化设计人员可通过其他三维软件进行设计，并导入 BIM 平台。建筑内装修深化设计模型细度需满足表 5-1 的要求。

表 5-1　建筑内装修深化设计模型元素及信息

模型元素类型	模型元素	模型元素信息
地面	面层、黏结层、防水层、找平层、结构层	几何信息：尺寸大小等形状信息；平面位置、标高等定位信息。非几何信息：规格型号、材料和材质信息、技术参数等产品信息；系统类型、连接方式、安装部位、安装要求、施工工艺等安装信息
墙面	饰面层、面砖、涂料、龙骨、黏结层、踢脚	
吊顶	矿棉板、石膏板、龙骨骨架、吊杆、检修口、灯槽	
门窗	门窗洞、门板、门窗套、门窗框、玻璃	
固定家具	固定家具、活动家具	
卫生间	马桶、洗脸盆、浴缸、淋浴间、地漏、配件	

六、预制构件深化设计

预制构件深化设计的 BIM 应用与其他专业深化设计类似，即通过 BIM 软件对预制构件的复杂节点及细部构造、拆分等进行深化。预制构件深化设计的内容主要包含预制构件拆分、设计，以及节点设计等。预制构件深化设计的主要流程如图 5-6 所示。

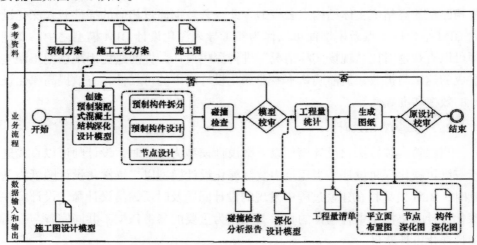

图 5-6　预制构件深化设计的主要流程

（一）构件拆分

在预制构件深化设计之前，设计师需对主体结构构件进行合理的拆分设计。预制构件若想达到自动拆分，首先需要满足以下几个前提：

①节点标准化。标准化的节点给自动拆分提供了依据，结构在节点处可以根据指定尺寸自动拆分。

②构件模数化与去模数化相结合。结构自动拆分时，阳台、空调板、楼梯等构件需要模数化设计，但是墙板、楼板构件需要去模数化设计。

预制构件拆分时，首先应依据施工吊装工况、吊装设备、运输设备和道路条件、预制厂家生产条件以及标准模数等因素确定其位置和尺寸等信息。

对于竖向布置，构件拆分要规则、均匀，竖向抗侧力构件的截面尺寸和材料要自下而上逐渐减小，避免抗侧力结构的侧向刚度和承载力竖向突变，承重构件要上下对齐，结构侧向刚度宜下大上小，结构相关预制构件（柱、梁、墙、板）的划分，应遵循受力合理、连接简单、施工方便、少规格、多组合，并能组装成形式多样的结构系列的原则，其中：

①预制梁截面尺寸应尽量统一，配筋应采用大直径大间距钢筋。

②预制剪力墙两端边缘构件应对称配筋。

③预制带飘窗墙体、阳台、空调板、楼梯应尽量模数化。

④楼梯与相邻剪力墙的连接在受力合理的情况下应尽量简单。

（二）深化设计

在预制构件深化设计中，可基于施工图设计模型或施工图，以及预制方案、施工工艺方案等创建深化设计模型，输出平立面布置图、构件深化设计图、节点深化设计图、工程量清单等。预制构件深化设计模型除应包括施工图设计模型元素外，还应包括预埋件和预留孔洞、节点和临时安装措施等类型的模型元素，其内容应符合表 5-2 的规定。

表 5-2　预制构件深化设计模型元素类型及信息

模型元素类型	模型元素及信息
预埋件和预留孔洞	模型元素包括预埋件、预埋管、预埋螺栓等，以及预留孔洞； 几何信息应包括位置、几何尺寸、类型、材料等信息
节点	模型元素包括节点连接的材料、连接方式、施工工艺等； 几何信息应包括位置、几何尺寸及排布； 非几何信息应包括节点编号、节点区材料信息、钢筋信息（等级、规格等）、型钢信息、节点区预埋信息等
临时安装措施	模型元素包括预制构件安装设备及相关辅助设施； 非几何信息应包括设备设施的性能参数等信息

第6章 BIM 技术的发展预测与展望

第1节 BIM 市场未来发展预测

一、BIM 发展的必然性

随着技术、理论的发展和政策的推进，全球工程行业人士普遍认识到 BIM 技术将成为建筑行业的革命性力量。中国建筑行业也逐步开始试行 BIM 技术，并取得了一定成果。

2011 年 5 月 20 日，住建部在其发布的《2011—2015 年建筑业信息化发展纲要》中第一次将 BIM 技术纳入信息化标准建设的重要内容；2013 年，住建部发布《关于推进建筑信息模型应用的指导意见》，其中明确了 BIM 技术的具体推进目标；2016 年 8 月 23 日，住建部再次发布《2016—2020 年建筑业信息化发展纲要》，BIM 技术成为"十三五"建筑业重点推广的五大信息技术之首；2016 年 12 月 2 日，住建部发布《建筑信息模型应用统一标准》（GB/T 51212—2016），自 2017 年 7 月 1 日起实施。全国各地也相继出台了相应的 BIM 技术应用指导意见。

由此可见，BIM 技术已经大量应用到我国的工程建设当中，而且由于当前工程模式的一些弊端以及未来对工程各方面更高的需求，BIM 技术在我国的发展存在其必然性：

①巨大的建设量带来了沟通和实施环节的不便，信息流失造成很大损失，BIM 技术所带来的信息整合，重新定义了设计流程，能够在很大程度上改善这一状况；

②建筑可持续发展的需求。BIM 技术在建设工程中的运用，为建筑可持续发展提供了一种革新性的技术方法；

③国家资源规划管理信息化的需求。BIM 技术在建设工程中的应用可将项目各阶段、各参与方所提供的信息及数据进行集合，从而实现资源信息化及协同化管理。

二、BIM 产业发展现状

纵观国内的 BIM 产业，主要分为三类——BIM 软件研发、BIM 咨询、BIM 培训。

目前，国内 BIM 软件研发企业是 BIM 产业中的核心大军，诸多本土 BIM 软件厂商结合国内软件应用环境和实际情况，围绕建筑设计、建造、运维三个阶段进行 BIM 软件的研发，推出符合中国市场的 BIM 产品。近几年国内 BIM 软件研发企业的发展总体呈良好状态，通过本地化产品和配套的技术服务支撑，取得了不错的成绩。但因软件研发需要大量的资金投入，目前有实力的 BIM 研发企业数量还较少。

BIM 咨询市场是 BIM 产业中交易最活跃的细分市场，也是 BIM 产业中企业数量最多的领域。BIM 咨询市场因进入门槛较低，存在大量以 BIM 咨询为主营业务的企业，这些企业主要为建设方、施工企业提供 BIM 咨询服务。

因产业技术的升级换代，建筑行业面临大量的 BIM 培训需求。国家人社部教育培训中心适时推出全国 BIM 等级考试，以应对大量的 BIM 培训与考证需求。但 BIM 培训企业相对规模较小，而我国有约 4000 万建筑行业人士的 BIM 培训需求，因而整个市场前景广阔。

三、对未来 BIM 市场发展情况的预测

未来，BIM 技术对整个建筑行业的影响将是全面性的、革命性的。BIM 技术的普及成熟，其对建筑业变革产生的影响将超越计算机当前对建筑业的影响。

结合行业管理体制及当前的 BIM 发展现状，可对 BIM 市场未来的发展情况做出如下预测。

（一）全方位应用

项目各参与方可能将会在各自的领域应用 BIM 技术进行相应的工作，包括政府、业主、设计单位、施工单位、造价咨询单位及监理单位等；BIM 技术可能将会在项目全生命周期中发挥重要作用，包括项目前期方案阶段、招投标阶段、设计阶段、施工阶段、竣工阶段及运维阶段；BIM 技术可能将会应用到各种建设工程项目，包括民用建筑、工业建筑、公共建筑等。

（二）市场细分

未来市场可能会根据不同的 BIM 技术需求及功能出现专业化的细分，BIM 市场将会更加专业化和秩序化，各专业都拥有专业化非常强的 BIM 技术系统将是一个发展方向，软件将受到市场欢迎。用户体验好、费效比高的专业 BIM 软件将受到市场欢迎。用户可根据自身具体需求方便准确地选择相应市场模块进行应用。例如，在装配式建筑 BIM 细分市场，国务院在 2016 年发布的《关于进一步加强城市规划建设管理工作的若干意见》中提出，力争用 10 年左右时间，使装配式建筑占新建建筑的比例达到 30%。依据国家统计局数据，2016 年建筑业房屋新开工面积为 16.69 亿 m^2，假设到 2026 年，全国房屋新开工面积年均增长 5%，按 30% 的比例算，装配式建筑面积将达到 8.16 亿 m^2。根据《装配式建筑工程消耗量定额》，装配式建筑投资每平方米为 2000 ～ 2800 元，这就意味着，在既定条件不变的情况下，预计 2026 年装配式建筑市场的规模为 1.5 万～ 2.5 万亿元，核算 BIM 年市场容量将为 80 亿～ 210 亿元。

（三）个性化开发

基于建设工程项目的具体需求，可能会逐渐出现针对具体问题的各种个性化且具有创新性的新的 BIM 软件。

（四）多软件协调

未来 BIM 技术的应用过程将可能出现多软件协调，各软件之间能够轻松实现信息传递与互用。BIM 技术在我国建设工程市场还存在较大的发展空间，未来 BIM 技术的应用将会呈现普及化、多元化及个性化等特点，相关市场对 BIM 工程师的需求将更加广泛，BIM 工程师的职业发展还有很大空间。

第 2 节　BIM 技术应用趋势的展望

一、BIM 技术给工程建设带来的变化

（一）更多业主要求应用 BIM 技术

由于基于 BIM 技术的可视化平台可以让业主随时检查其设计是否符合业主的要求，且 BIM 技术所带来的价值优势是巨大的，如能缩短工期、在早期得到可靠的工程预算、得到高性能的项目结果、方便设备管理与维护等。

（二）BIM4D 工具成为施工管理新的技术手段

目前，大部分 BIM 软件开发商都将 4D 功能作为 BIM 软件不可或缺的一部分，甚至一些小型的软件开发公司也专门开发了 BIM 4D 工具。BIM 4D 工具相对于传统 2D 图纸的施工管理模式的优势如下：

①能够优化进度计划，相比传统的 2D 图纸的施工管理模式，BIM 4D 工具可以直观地模拟施工过程以检验施工进度计划是否合理有效；

②能够模拟施工现场，可以更合理地安排物料堆放、物料运输路径及大型机械位置；

③能够跟踪项目进程，可以快速辨别实际进度是否提前或滞后；

④能够使各参与方与各利益相关者进行更有效的沟通。

（三）工程人员组织结构与工作模式逐渐发生改变

由于 BIM 技术的应用，工程人员组织结构、工作模式及工作内容等将发生革命性的变化。这主要体现在以下几个方面：

① IPD 模式下的人员组织机构不再是传统意义上的处于对立的单独的各参与方，而是协同工作的一个团队组织；

②由于工作效率的提高，某些工程人员的数量编制将有所缩减，而专门的 BIM 技术人员数量将有所增加，对工程人员的 BIM 培训力度也将增加；

③制定 BIM 标准也是我国未来 BIM 技术发展的方向。

（四）一体化协作模式的优势逐渐得到认同

一些建筑业的领头企业已经逐渐认识到未来的项目实施过程将需要一体化的项目团队来完成，并且 BIM 技术的应用将发挥巨大的利益优势。一些规模较大的施工企业未来的发展趋势是组建自己的设计团队，而越来越多的项目管理模式将采用 DB 模式，甚至 IPD 模式来完成。

（五）企业资源计划逐渐被承包商广泛应用

企业资源计划（ERP）是先进的现代企业管理模式，主要实施对象是企业，目的是将企业的各个方面的资源（包括人、财、物、产、供、销等因素）合理配置，以使之充分发挥效能，使企业在激烈的市场竞争中全方位地发挥能量，从而取得最佳经济效益。世界 500 强企业中有 80% 的企业都在用 ERP 软件作为其决策和管理日常工作流程的工具，其功效可见一斑。目前 ERP 软件也正在逐步被建筑承包商企业所采用，主要用于企业统筹管理多个建设项目的采购、账单、存货清单及项目计划等方面。这种企业后台管理系统建立后，将其与CAD系统、3D系统和BIM系统等整合在一起，可大大提升企业的管理水平。

（六）更多地服务于绿色建筑

由于气候变化、可持续发展、建设项目舒适度要求提高等因素，建设绿色建筑已成为一种趋势。BIM技术可以为设计人员分析能耗、选择低环境影响的材料等提供帮助。

二、BIM技术的发展趋势展望

（一）BIM技术与绿色建筑

绿色建筑是指在建筑的全生命周期内，最大限度节约资源，节能、节地、节水、节材、保护环境和减少污染，与自然和谐共生的建筑。BIM技术的最重要意义在于它重新整合了建筑设计的流程，其所涉及的建筑生命周期管理（BLM），又恰好是绿色建筑设计的关注和影响对象。真实的BIM数据和丰富的构件信息给各种绿色分析软件以强大的数据支持，确保了结果的准确性；BIM模型的某些特性（如参数化、构件库等）使建筑设计及后续流程针对上述分析的结果，有非常及时和高效的反馈；绿色建筑设计是一个跨学科、跨阶段的综合性设计过程，而BIM模型则刚好顺应需求，实现了单一数据平台上各个工种的协调设计和数据集中。

另外，BIM技术提供了可视化的模型和精确的数字信息统计，将整个建筑的建造模型摆在人们面前，立体的三维感增加了人们的视觉冲击和图像印象。而绿色建筑则是根据现代的环保理念提出的，主要是运用高科技设备利用自然资源，实现人与自然的和谐共处。基于BIM技术的绿色建筑设计主要通过数字化的建筑模型、全方位的协调处理和环保理念的渗透三个方面来进行。BIM技术对绿色建筑设计有很大的辅助作用。总之，结合BIM技术进行绿色建筑设计已成为一个受到广泛关注和认可的系统性方案，也让绿色建筑事业进入一个崭新的时代。

（二）BIM技术与信息化

信息化是指培养、发展以计算机为主的智能化工具为代表的新生产力，并使之造福于社会的历史过程。智能化生产工具与过去生产力中的生产工具不一样的是，它是一个具有庞大规模的、自上而下的、有组织的信息网络体系。这种网络性生产工具正在改变人们的生产方式、工作方式、学习方式、生活方式和思维方式等，使人类社会发生极其深刻的变化。

建筑业的信息化是国民经济信息化的基础之一，而管理的信息化又是实现全行业信息化的重中之重。因此，利用信息化改造建筑工程管理，是建筑业健康发展的必由之路。但是，我国建筑工程管理信息化无论从思想认识上，还是在专业推广中都还不成熟，仅有部分企业不同程度地、孤立地使用信息技术的某一部分，且仍没有实现信息的共享、交流与互动。BIM 系统是一种全新的信息化管理系统，目前正越来越多地应用于建筑行业中。它要求参建各方在设计、施工、项目管理、项目运营等各个过程中将所有信息整合在统一的数据库中，通过数字信息仿真模拟建筑物所具有的真实信息，为建筑的全生命周期管理提供平台。BIM 是新兴的建筑信息化技术，同时也是未来建筑技术发展的大势所趋。

（三）BIM 技术与 EPC

EPC 工程总承包（ FPC）是指工程总承包企业按照合同约定，承担工程项目的设计、采购、施工、试运行服务等工作，并对承包工程的质量、安全、工期、造价全面负责。它以实现"项目功能"为最终目标，是我国目前推行的总承包模式中最主要的一种。跟传统设计和施工分离承包模式相比，EPC 工程总承包模式具有以下优势：业主方能够摆脱工程建设过程中的杂乱事务，避免人员与资金的浪费；总承包商能够有效减少工程变更、争议、纠纷和索赔的耗费，使资金、技术、管理各个环节的衔接更加紧密；同时，更有利于提高分包商的专业化程度，从而体现 EPC 工程总承包模式的经济效益和社会效益。因此，EPC 总承包模式越来越被发包人、投资者所欢迎，也被政府有关部门所看重并大力推行。近年来，随着国际工程承包市场的发展，EPC 总承包模式得到越来越广泛的应用。

（四）BIM 技术与云计算

云计算是一种基于互联网的计算方式，以这种方式共享的软硬件和信息资源可以按需提供给计算机和其他终端使用。

BIM 与云计算集成应用，是利用云计算的优势将 BIM 应用转化为 BIM 云服务：基于云计算强大的计算能力，可将 BIM 应用中计算量大且复杂的工作转移到云端，以提升计算效率；基于云计算的大规模数据存储能力，可将 BIM 模型及其相关的业务数据同步到云端，方便用户随时随地访问并与协作者共享；云计算使得 BIM 技术走出办公室，用户在施工现场可通过移动设备随时连接云服务，及时获取所需的 BIM 数据和服务。

（五）BIM 技术与物联网

物联网是通过射频识别、红外感应器、全球定位系统、激光扫描器等信息传感设备按约定的协议将物品与互联网相连进行信息交换和通信，以实现智能化识别、定位、跟踪、监控和管理的一种网络。BIM 与物联网集成应用，实质上是建筑全过程信息的集成与融合。BIM 技术发挥上层信息集成、交互、展示和管理的作用，而物联网技术则承担底层信息感知、采集、传递、监控的功能。二者集成应用可以实现建筑全过程"信息流闭环"，实现虚拟信息化管理与实体环境硬件之间的有机融合。目前 BIM 技术在设计阶段应用较多，并开始向建造和运维阶段应用延伸。物联网应用目前主要集中在建造和运维阶段，二者集成应用将会产生极大的价值。

BIM 与物联网集成应用目前处于起步阶段，尚缺乏数据交换、存储、交付、分类和编码、应用等系统化、可实施操作的集成和实施标准，且面临着法律法规、建筑业现行商业模式、BIM 应用软件等诸多问题，但这些问题将会随着技术的发展及管理水平的不断提高得到解决。BIM 与物联网的深度融合与应用，势必将智能建造提升到智慧建造的新高度，开创智慧建筑新时代，这是未来建筑行业信息化发展的重要方向之一。未来建筑智能化系统，将会出现以物联网为核心，以功能分类、相互通信兼容为主要特点的建筑"智慧化"控制系统。

（六）BIM 技术与数字化加工

数字化是将不同类型的信息转变为可以度量的数字，将这些数字保存在适当的模型中，再将模型引入计算机进行处理的过程。数字化加工则是在应用已经建立的数字模型基础上，利用生产设备完成对产品的加工。BIM 与数字化加工集成，意味着将 BIM 模型中的数据转换成数字化加工所需的数字模型，制造设备可根据该模型进行数字化加工。目前，BIM 与数字化加工集成主要应用在预制混凝土板生产、管线预制加工和钢结构加工 3 个方面。一方面，工厂精密机械自动完成建筑物构件的预制加工，不仅制造出的构件误差小，生产效率也可大幅提高；另一方面，建筑中的门窗、整体卫浴、预制混凝土结构和钢结构等许多构件，均可异地加工，再被运到施工现场进行装配，既缩短建造工期，又容易掌控质量。未来，BIM 与数字化加工集成应用的可能发展方向：以建筑产品三维模型为基础，进一步加入资料、构件制造、构件物流、构件装置以及工期、成本等信息，以可视化的方法完成 BIM 与数字化加工的融合；同时，更加广泛地发展和应用 BIM 技术与数字化技术的集成，进一步拓展信息网络技术、智能卡技术、家庭智能化技术、无线局域网技术、数据卫星通信技术、双向电视传输技术等与 BIM 技术的融合。

（七）BIM 技术与智能全站仪

施工测量是工程测量的重要内容，包括施工控制网的建立、建筑物的放样、施工期间的变形观测和竣工测量等内容。近年来，外观造型复杂的超大、超高建筑日益增多，测量放样主要使用全站型电子速测仪（简称全站仪）。随着新技术的应用，全站仪逐步向自动化、智能化方向发展。智能型全站仪由马达驱动，在相关应用程序控制下，在无人干预的情况下可自动完成对多个目标的识别、照准与测量，且在无反射棱镜的情况下可对一般目标直接测距。

BIM 与智能型全站仪集成应用，是通过对软件、硬件进行整合，将 BIM 模型带入施工现场，利用模型中的三维空间坐标数据驱动智能型全站仪进行测量。二者集成应用可为机电、精装、幕墙等专业的深化设计提供依据。同时，基于智能型全站仪高效精确的放样定位功能，结合施工现场轴线网、控制点及标高控制线，可高效快速地将设计成果在施工现场进行标定，实现精确的施工放样，并为施工人员提供更加准确直观的施工指导。此外，传统放样最少要两人操作，BIM 与智能型全站仪集成放样，一人一天可完成几百个点的精确定位，效率是传统方法的 6 ～ 7 倍。

目前，国外已有很多企业在施工中将 BIM 与智能型全站仪集成应用于测量放样，而我国尚处于探索阶段，只有深圳市城市轨道交通 9 号线、深圳平安金融中心和北京望京 SOHO 等少数项目适用。未来，二者集成应用将与云技术进一步结合，使移动终端与云端的数据实现双向同步；还将与项目质量管控进一步融合，使质量控制和模型修正无缝融入原有工作流程，进一步提升 BIM 的应用价值。

（八）BIM 技术与地理信息系统

地理信息系统是用于管理地理空间分布数据的计算机信息系统，以直观的地理图形方式获取、存储、管理、计算、分析和显示与地球表面位置相关的各种数据，英文缩写为 GIS。BIM 与 GIS 集成应用，是通过数据集成、系统集成或应用集成来实现的，可在 BIM 应用中集成 GIS，也可以在 GIS 应用中集成 BIM，或 BIM 与 GIS 深度集成，以发挥各自优势，拓展应用领域。目前，二者集成在城市规划、城市交通分析、城市微环境分析、市政管网管理、住宅小区规划、数字防灾、既有建筑改造等诸多领域有所应用，与各自单独应用相比，在建模质量、分析精度、决策效率、成本控制水平等方面都有明显提高。

随着互联网的高速发展，基于互联网和移动通信技术的 BIM 与 GIS 集成应用，将向着网络服务的方向发展。当前，BIM 和 GIS 不约而同地开始融合云计算这项新技术，分别出现了"云 BIM"和"云 GIS"的概念，云计算的引入将使 BIM 和 GIS 的数据存储方式发生改变，数据量级也将得到提升，其应用也会得到跨越式发展。

（九）BIM 技术与 3D 扫描

3D 扫描是集光、机、电和计算机技术于一体的高新技术，主要用于对物体空间外形、结构及色彩进行扫描，以获得物体表面的空间坐标，具有测量速度快、精度高、使用方便等优点，且其测量结果可直接与多种软件接口。3D 激光扫描技术又被称为实景复制技术，它通过采用高速激光扫描测量的方法，可大面积高分辨率地快速获取被测量对象表面的 3D 坐标数据，为快速建立物体的 3D 影像模型提供了一种全新的技术手段。BIM 与 3D 扫描技术的集成，是将 BIM 模型与所对应的 3D 扫描模型进行对比、转化和协调，达到辅助工程质量检查、快速建模、减少返工的目的，可解决很多传统方法无法解决的问题，目前正越来越多地被应用在建筑施工领域，在施工质量检测、辅助实际工程量统计、钢结构预拼装等方面体现出较大价值。例如，针对土方开挖工程中较难统计测算土方工程量的问题，可在开挖完成后对现场基坑进行 3D 激光扫描，基于点云数据进行 3D 建模，再利用 BIM 软件快速测算实际模型体积，并计算现场基坑的实际挖掘土方量。BIM 与 3D 扫描技术的集成应用，不仅提高了该项目的施工质量检查效率和准确性，也为装饰等专业的深化设计提供了依据。

（十）BIM 技术与虚拟现实

虚拟现实，也被称为虚拟环境或虚拟真实环境，是一种三维环境技术，它集先进的计算机技术、传感与测量技术、仿真技术、微电子技术等为一体，借此产生逼真的视、听、触、力等三维感觉环境，形成一种虚拟世界。虚拟现实技术是人们运用计算机对复杂数据进行的可视化操作，与传统的人机界面以及流行的视窗操作相比，虚拟现实在技术思想上有了质的飞跃。

BIM 技术的理念是建立涵盖建筑工程全生命周期的模型信息库，并实现各个阶段不同专业之间基于模型的信息集成和共享。BIM 与虚拟现实技术集成应用，主要内容包括虚拟场景构建、施工进度模拟、复杂局部施工单位方案模拟、施工成本模拟、多维模型信息联合模拟以及交互式场景漫游。BIM 与虚拟现实技术集成应用，可提高模拟的真实性，并且，可以实时、任意视角查看各种信息与模型的关系，指导设计施工，辅助监理、监测人员开展相关工作。BIM 与虚拟现实技术集成应用，通过模拟工程项目的建造过程，在实际施工前即可确定施工单位方案的可行性及合理性，减少或避免设计中存在的大多数错误，如可以方便地分析出施工工序的合理性，生成对应的采购计划和财务分析费用列表，高效地优化施工方案，同时还可以提前发现设计和施工中的问题，对设计、预算、进度等属性及时更新，并保证获得数据信息的一致性和准确性。二者集成应用，在很大程度上可减少建筑施工行业中普遍存在的低效、浪费和返工现象，大大缩短项目计划和预算编制的时间，提高计划和预算的准确性。BIM 与虚拟现实技术集成应用，可有效提升工程质量。在施工之前，将施工过程在计算机上进行三维仿真演示，可以提前发现并避免在实际施工中可能遇到的各种问题，如管线碰撞、构件安装等，以便指导施工和制订最佳施工方案，从整体上提高建筑施工效率，确保工程质量，消除安全隐患，并有助于降低施工成本与时间成本。BIM 与虚拟现实技术集成应用，可提高模拟工作中的可交互性：在虚拟的三维场景中，可以实时地切换不同的施工方案，在同一个观察点或同一个观察序列中感受不同的施工过程，有助于比较不同施工方案的优势与不足，以确定最佳施工方案；同时，还可以对某个特定的局部进行修改，并实时地与修改前的方案进行分析比较；此外，还可以直接观察整个施工过程的三维虚拟环境，快速查看到不合理或者错误之处，避免施工过程中的返工。

　　虚拟施工技术在建筑施工领域的应用将是一个必然趋势，在未来的设计、施工中的应用前景广阔，必将推动我国建筑施工行业迈入一个崭新的时代。

（十一）BIM 技术与 3D 打印

　　3D 打印技术是一种快速成型技术，是以三维数字模型文件为基础，通过逐层打印或粉末熔铸的方式来构造物体的技术，它综合了数字建模技术、机电控制技术、信息技术、材料科学与化学等方面的前沿技术。

　　BIM 与 3D 打印的集成应用，主要是：在设计阶段利用 3D 打印机将 BIM 模型微缩打印出来，供方案展示、审查和进行模拟分析使用；在建造阶段采用 3D 打印机直接将 BIM 模型打印成实体构件和整体建筑，部分替代传统施工工艺来建造建筑。BIM 与 3D 打印的集成应用，可谓两种革命性技术的结合，为建筑从设计方案到实物的过程开辟了一条"高速公路"，也为复杂构件的加工制作提供了更高效的方案。利用 3D 打印技术建造房屋，可有效降低人力成本，作业过程基本不产生扬尘和建筑垃圾，是一种绿色环保的工艺，在节能降耗和环境保护方面较传统工艺有非常明显的优势。BIM 与 3D 打印技术集成进行复杂构件制作，不再需要复杂的工艺、措施和模具，只需将构件的 BIM 模型发送到 3D 打印机，短时间内即可将复杂构件打印出来，缩短了加工周期，降低了成本，且精度非常高，可以保障复杂异型构件几何尺寸的准确性和实体质量。

用 3D 打印制作的施工方案微缩模型，可以辅助施工人员更为直观地理解方案内容，携带、展示不再需要依赖计算机或其他硬件设备，还可以 360°全视角观察，克服了打印 3D 图片和三维视频角度单一的缺点。

随着各项技术的发展，现阶段 BIM 与 3D 打印技术集成应用存在的许多技术问题将会得到解决，3D 打印机和打印材料价格也会趋于合理，应用成本下降会扩大 3D 打印技术的应用范围，提高施工行业的自动化水平。随着个性化定制建筑市场的兴起，3D 打印技术在建筑领域的市场前景非常广阔。

（十二）BIM 技术与构件库

当前，设计行业正在进行第二次技术变革，基于 BIM 理念的三维化设计已经被越来越多的设计院、施工企业和业主所接受，BIM 技术是解决建筑行业全生命周期管理、提高设计效率和设计质量的有效手段。目前国内流行的建筑行业 BIM 类软件均以搭积木方式实现建模，并且都是以构件（比如 Revit 称之为"族"、PDMS 称之为"元件"）为基础的。含有 BIM 信息的构件不但可以为工业化制造、计算选型、快速建模、算量计价等提供支撑，也可以为后期运营维护提供必不可少的信息数据。信息化是工程建设行业发展的必然趋势，设备数据库如果能够有效地和 BIM 设计软件、物联网等融合，无论是对工程建设行业运作效率的提高，还是对设备厂商的设备推广，都会起到很大的促进作用。BIM 设计时代已经到来，工程建设工业化是大势所趋，构件是建立 BIM 模型和实现工业化建造的基础，BIM 设计效率的提高取决于 BIM 构件库的完备水平。因此，高效的构件库管理系统是企业 BIM 设计的必备利器。

（十三）BIM 技术与装配式建筑

装配式建筑是用预制的构件在工地装配而成的建筑，是我国建筑结构发展的重要方向之一，它有利于我国建筑工业化的发展，并且有利于提高和保证建筑工程质量。与现浇施工工法相比，装配式施工工法更符合绿色施工的节地、节能、节材、节水和环境保护等要求。同时，装配式结构可以连续地按顺序完成工程的多个或全部工序，这样可以减少进场的工程机械种类和数量，消除工序衔接的停闲时间，实现立体交叉作业，同时也可以提高工效、降低物料消耗、减少环境污染，为绿色施工提供保障。

随着政府对建筑产业化的不断推进，建筑信息化水平低已经成为建筑产业化发展的制约因素，如何应用 BIM 技术提高建筑信息化水平，推进建筑产业化向更高阶段发展，已经成为当前一个新的研究热点。

　　利用 BIM 技术能有效提高装配式建筑的生产效率和工程质量，真正实现以信息化促进产业化。借助 BIM 技术三维模型的参数化设计，可以大幅提高图纸生成和修改的效率，克服传统拆分设计中的图纸量大、修改困难等难题。因此，BIM 技术的使用能够为预制装配式建筑的生产提供有效帮助，使装配式工程精细化这一特点更易实现。

参考文献

［1］李永祥，王小春，洪林. 工程制图与建筑构造［M］. 北京：中国水利水电出版社，2010.

［2］何正林. 房屋建筑构造与 G101 平法钢筋识图［M］. 成都：电子科技大学出版社，2012.

［3］陈梅，郑敏华. 建筑识图与房屋结构［M］. 武汉：华中科技大学出版社，2010.

［4］袁翔. BIM 工程概论［M］. 成都：西南交通大学出版社，2017.

［5］陆泽荣，刘占省. BIM 技术概论［M］. 2 版. 北京：中国建筑工业出版社，2018.

［6］黄强. 论 BIM［M］. 北京：中国建筑工业出版，2016.

［7］吴文勇，杨文生，焦柯. 结构 BIM 应用教程［M］. 北京：化学工业出版社，2016.

［8］李春亭，陈燕菲. 房屋建筑构造［M］. 武汉：华中科技大学出版社，2010.

［9］王亚楠，彭亚萍. 基于 BIM 的混凝土框架结构施工图智能化审图技术探索［J］. 应用技术学报，2018，18（4）：351-355.

［10］赵志平，贾俊礼，张现林. 基于 BIM 的钢筋混凝土框架结构的虚拟现实表现［J］. 土木建筑工程信息技术，2011，3（4）：72-75.

［11］王威，胡亚东，杨超. BIM 可视化技术的应用研究［J］. 水泥技术，2019（5）：74-79.

［12］管涛. BIM 技术在建筑结构设计中的应用［J］. 散装水泥，2020（6）：87-88.

［13］彭宝莹，杨志杰，李娜. 浅析 BIM 技术在建筑结构设计中的应用［J］. 四川水泥，2015（5）：197.

［14］孙德才. BIM 技术在建筑结构设计中的应用与研究［J］. 建材发展导向，2015（3）：110-112.

［15］邱奎宁. IFC 标准在中国的应用前景分析［J］. 建筑科学，2003，19（2）：62-64.

［16］刘占省，汤红玲，王泽强，等. 建筑信息建模技术在长沙国际会展中心营建中的应用［J］. 工业建筑，2016，46（9）：179-183.

［17］蔡伟庆. BIM 的应用风险和挑战［J］. 建筑技术，2015（2）：134-137.

［18］秦伟，钱满足. BIM 技术在图纸会审阶段的应用［J］. 中国住宅设施，2016（6）：28-31.

［19］马辉. 试论 BIM 技术在装配式住宅设计中的应用［J］. 住宅产业，2018（11）：55-57.

［20］刘敏. BIM 技术在建筑设计与施工中的应用研究［J］. 住宅与房地产，2018（31）：52.

［21］刘振邦. 基于 BIM 的模块化设计方法在建筑设计中的应用［J］. 智库时代，2017（17）：243-244.

［22］张振，徐志浩，陈海超，等. 基于 BIM 技术的三维管线综合设计在小区室外管网中的应用［J］. 江苏建筑，2020（3）：118-120.

［23］祝连波，田云峰. 我国建筑业 BIM 研究文献综述［J］. 建筑设计管理，2014（2）：33-37.

［24］郭士刚. 建筑结构设计中 BIM 技术的应用［J］. 工程技术研究，2017（11）：224-225.